# 조주기능사

## 필기·실기문제
## 한권으로 합격하기

대한민국
국가대표
브랜드

국가자격
시험문제
전문출판

에듀크라운
Publishing.co
국가자격시험문제 전문출판

CROWN
Publishing.co

최고의 적중률!! 최고의 합격률!!
크라운출판사
국가자격시험문제 전문출판
http://www.crownbook.co.kr

1986년 서울아시아올림픽게임, 1988년 서울세계올림픽게임을 우리나라에서 개최하면서 다양한 종류의 서구 음식과 음료를 비롯한 외식문화가 호텔 및 프랜차이즈 레스토랑을 통하여 도입되었으며 또한, 국민들의 생활수준이 향상됨에 따라 음식문화와 함께 음료문화도 발달하게 되면서 호텔이나 레스토랑에서 음식과 음료를 전문적으로 취급하는 식음료(Food&Beverage)부서가 활성화되었다.

식음료 전문인력의 수급차원으로는 대학과 직업전문학교에서 식음료산업에 종사할 인력을 양성하여 현장에서 전문적인 서비스를 고객에게 제공할 수 있었으나 아직까지 음식에 비하면 음료의 전문성이 대중적으로 깊숙하게 파고 들어오기에는 한계가 있다. 정부에서 우리가 마시는 음료에 대해 전문지식을 소지한 전문가 양성을 위하여 도입한 유일한 음료분야 국가공인자격증인 조주기능사 제도를 시행한지 어느덧 30여년이 흘렀으며, 웰빙 알코올성 음료인 와인, 막걸리의 열풍과 함께 비알코올성 음료인 커피와 차 문화가 대중적으로 자리 잡고 있다.

이로 인하여 많은 사람들이 취미 및 취업준비로 음료와 관련된 다양한 종류의 민간자격증(커피, 와인, 차 등)을 끊임없이 취득하고 있지만 자격증 활용에 대한 정책은 매우 미흡한 실정이었다. 그러나 정부에서 NCS 도입을 추진하면서 소믈리에, 바리스타, 바텐더 직무에 필요한 능력단위와 능력단위요소를 구체화하는 등 개선에 힘쓰고 있다. 국가직무능력표준(NCS, National Competency Standards)이란 산업현장에서 직무를 수행하기 위해 요구되는 지식·기술·태도 등의 내용을 국가가 체계화한 것이다.

본 저자는 시대 흐름에 따라 NCS에서 제시하는 바텐더 직무에 필요한 능력단위와 국가자격증인 조주기능사 필기 및 실기시험 문제를 분석하여 바텐더직무를 수행하기 위한 효과적인 국가자격증 학습서 준비에 노력하였다. 칵테일, 커피, 와인, 차(茶) 과목을 대학에서 강의하면서 자격증 취득 정보를 학생들에게 효과적으로 전달하고자 해왔으며, 이를 바탕으로 조주기능사 자격의 여러 가지 지침에 대해 수험자에게 도움을 주고자 한다. 필기시험편에서는 기출 및 예상문제를 해설하면서 음료에 대한 지식을 전달하며, 실기시험편에서는 수험자가 많이 실수하는 부분을 지적하고 조주과정 사진을 통하여 보다 쉽게 조주과정을 습득하도록 하였다. 부디 이 교재를 통하여 모든 수험자가 조주기능사 시험에 합격하길 바라며 이를 계기로 우리나라 음료산업 발전에 노력해 주기를 바란다. 끝으로 출판에 아낌없이 도움을 주신 크라운 출판사의 회장님 및 임직원 분들에게 감사함을 전한다.

복정골에서 저자 올림

## 1. 조주기능사 자격증의 바텐더 직무

대한민국기관 산하 한국산업인력공단에서 시행하는 국가기술자격증 중에서 음료와 관련된 유일한 자격증이 〈조주기능사〉이다. 우리가 알고 있는 커피 바리스타, 와인 소믈리에 등 다양한 형태의 음료 자격증이 있지만 이러한 자격증은 한국직업능력개발원에 등록된 민간자격증이다.

| 한국산업인력공단(Q-Net) | 한국직업능력개발원 |
|---|---|
| 설립목적(한국산업인력공단법 제1조)<br>근로자 평생학습의 지원, 직업능력개발훈련의 실시, 자격검정, 숙련기술장려사업 및 고용촉진 등에 관한 사업을 수행하게 함으로써 산업인력의 양성 및 수급의 효율화를 도모하고 국민경제의 건전한 발전과 국민복지 증진에 이바지한다. | 한국직업능력개발원(KRIVET)은 직업교육훈련정책 및 자격제도에 관한 연구와 직업교육훈련 프로그램의 개발·보급 등 직업능력개발에 관한 연구사업을 효율적으로 수행함으로써 직업교육훈련의 활성화 및 국민의 직업능력 향상에 기여한다. |

### (1) 국가기술자격증 조주기능사

조주기능사는 유일한 음료 국가기술자격이며 영어명칭은 Craftsman Bartender이다. 조주기능사 자격증을 관리하는 국가 부처는 식품의약품안전처이고 자격증 검정시행기관은 한국산업인력공단이다.

조주기능사는 조주에 있어 숙련기능을 가지고 조주작업과 관련한 업무를 수행할 수 있는 전문인력을 양성하고자 하는 자격제도로서 주류, 음료류, 다류 등에 대한 재료 및 제법의 지식을 바탕으로 칵테일을 조주하고 호텔과 외식업체의 주장관리, 고객관리, 고객서비스, 경영관리, 케이터링 등의 업무를 수행할 수 있도록 한다.

### (2) 취득 방법

음료분야 국가기술자격증으로 유일한 조주기능사는 다른 분야 자격증에서 볼 수 있는 산업기사 및 기사 자격증이 없기 때문에 나이와 학력에 무관, 모든 사람에게 개방되어 있다고 할 수 있다.

시험은 필기시험 과목으로 양주학개론, 주장관리개론, 기초영어가 있고 실기과목은 칵테일조주작업이 있다. 검정방법은 필기시험 객관식 4지 택일형 60문항(60분)이며 실기시험 작업형(3작품/7분 내)으로, 합격기준은 필기 및 실기 모두 100점 만점에 60점 이상이다.

참고 : https://www.q-net.or.kr/

## 2. 조주기능사 출제기준

### (1) 필기시험 출제 범위

| 직무<br>분야 | 음식서비스 | 중직무<br>분야 | 조리 | 자격<br>종목 | 조주기능사 | 적용<br>기간 | 2022.1.1.~2024.12.31. |
|---|---|---|---|---|---|---|---|

○ 직무내용 : 다양한 음료에 대한 이해를 바탕으로 칵테일을 조주하고 영업장관리, 고객관리, 음료서비스 등의 업무를 수행하는 직무이다.

| 필기검정방법 | 객관식 | 문제수 | 60 | 시험시간 | 1시간 |
|---|---|---|---|---|---|

| 필기과목명 | 문제수 | 주요항목 | 세부항목 | 세세항목 |
|---|---|---|---|---|
| 음료특성,<br>칵테일조주 및<br>영업장 관리 | 60 | 1. 위생관리 | 1. 음료 영업장 위생 관리 | 1. 영업장 위생 확인 |
| | | | 2. 재료 · 기물 · 기구 위생 관리 | 1. 재료 · 기물 · 기구 위생 확인 |
| | | | 3. 개인위생 관리 | 1. 개인위생 확인 |
| | | | 4. 식품위생 및 관련법규 | 1. 위생적인 주류 취급 방법<br>2. 주류판매 관련 법규 |
| | | 2. 음료 특성 분석 | 1. 음료 분류 | 1. 알코올성 음료 분류<br>2. 비알코올성 음료 분류 |
| | | | 2. 양조주 특성 | 1. 양조주의 개념<br>2. 양조주의 분류 및 특징<br>3. 와인의 분류<br>4. 와인의 특징<br>5. 맥주의 분류<br>6. 맥주의 특징 |
| | | | 3. 증류주 특성 | 1. 증류주의 개념<br>2. 증류주의 분류 및 특징 |
| | | | 4. 혼성주 특성 | 1. 혼성주의 개념<br>2. 혼성주의 분류 및 특징 |
| | | | 5. 전통주 특성 | 1. 전통주의 특징<br>2. 지역별 전통주 |
| | | | 6. 비알코올성 음료 특성 | 1. 기호음료<br>2. 영양음료<br>3. 청량음료 |
| | | | 7. 음료 활용 | 1. 알코올성 음료 활용<br>2. 비알코올성 음료 활용<br>3. 부재료 활용 |
| | | | 8. 음료의 개념과 역사 | 1. 음료의 개념<br>2. 음료의 역사 |
| | | 3. 칵테일 기법 실무 | 1. 칵테일 특성 파악 | 1. 칵테일 역사<br>2. 칵테일 기구 사용<br>3. 칵테일 분류 |

| 필기과목명 | 문제수 | 주요항목 | 세부항목 | 세세항목 |
|---|---|---|---|---|
| | | | 2. 칵테일 기법 수행 | 1. 셰이킹(Shaking)<br>2. 빌딩(Building)<br>3. 스터링(Stirring)<br>4. 플로팅(Floating)<br>5. 블렌딩(Blending)<br>6. 머들링(Muddling)<br>7. 그 밖의 칵테일 기법 |
| | | 4. 칵테일 조주 실무 | 1. 칵테일 조주 | 1. 칵테일 종류별 특징<br>2. 칵테일 레시피<br>3. 얼음 종류<br>4. 글라스 종류 |
| | | | 2. 전통주 칵테일 조주 | 1. 전통주 칵테일 표준 레시피 |
| | | | 3. 칵테일 관능평가 | 1. 칵테일 관능평가 방법 |
| | | 5. 고객 서비스 | 1. 고객 응대 | 1. 예약 관리<br>2. 고객응대 매뉴얼 활용<br>3. 고객 불만족 처리 |
| | | | 2. 주문 서비스 | 1. 메뉴 종류와 특성<br>2. 주문 접수 방법 |
| | | | 3. 편익 제공 | 1. 서비스 용품 사용<br>2. 서비스 시설 사용 |
| | | | 4. 술과 건강 | 1. 술이 인체에 미치는 영향 |
| | | 6. 음료영업장 관리 | 1. 음료 영업장 시설 관리 | 1. 시설물 점검<br>2. 유지보수<br>3. 배치 관리 |
| | | | 2. 음료 영업장 기구 · 글라스 관리 | 1. 기구 관리<br>2. 글라스 관리 |
| | | | 3. 음료 관리 | 1. 구매관리<br>2. 재고관리<br>3. 원가관리 |
| | | 7. 바텐더 외국어 사용 | 1. 기초 외국어 구사 | 1. 음료 서비스 외국어<br>2. 접객 서비스 외국어 |
| | | | 2. 음료 영업장 전문용어 구사 | 1. 시설물 외국어 표현<br>2. 기구 외국어 표현<br>3. 알코올성 음료 외국어 표현<br>4. 비알코올성 음료 외국어 표현 |
| | | 8. 식음료 영업 준비 | 1. 테이블 세팅 | 1. 영업기물별 취급 방법 |
| | | | 2. 스테이션 준비 | 1. 기물 관리<br>2. 비품과 소모품 관리 |
| | | | 3. 음료 재료 준비 | 1. 재료 준비<br>2. 재료 보관 |
| | | | 4. 영업장 점검 | 1. 시설물 유지관리 |
| | | 9. 와인장비 · 비품 관리 | 1. 와인글라스 유지 · 관리 | 1. 와인글라스 용도별 사용 |
| | | | 2. 와인비품 유지 · 관리 | 1. 와인 용품 사용 |

## (2) 실기시험 출제 범위

| 직무<br>분야 | 음식서비스 | 중직무<br>분야 | 조리 | 자격<br>종목 | 조주기능사 | 적용<br>기간 | 2022.1.1. ~ 2024.12.31. |
|---|---|---|---|---|---|---|---|

- ○ 직무내용 : 다양한 음료의 특성을 이해하고 조주에 관계된 지식, 기술, 태도의 습득을 통해 음료 서비스, 영업장 관리를 수행하는 직무이다.
- ○ 수행준거 : 1. 고객에게 위생적인 음료를 제공하기 위하여 음료 영업장과 조주에 활용되는 재료·기물·기구를 청결히 관리하고 개인위생을 준수할 수 있다.
  2. 다양한 음료의 특성을 파악·분류하고 조주에 활용할 수 있다.
  3. 칵테일 조주를 위한 기본적인 지식과 기법을 습득하고 수행할 수 있다.
  4. 칵테일 조주 기법에 따라 칵테일을 조주하고 관능평가를 수행할 수 있다.
  5. 고객영접, 주문, 서비스, 다양한 편익제공, 환송 등 고객에 대한 서비스를 수행할 수 있다.
  6. 음료 영업장 시설을 유지보수하고 기구·글라스를 관리하며 음료의 적정 수량과 상태를 관리할 수 있다.
  7. 기초 외국어, 음료 영업장 전문용어를 숙지하고 사용할 수 있다.
  8. 본격적인 식음료서비스를 제공하기 전 영업장환경과 비품을 점검함으로써 최선의 서비스가 될 수 있도록 준비할 수 있다.
  9. 와인서비스를 위해 와인글라스, 디캔터와 그 외 관련비품을 청결하게 유지·관리할 수 있다.

| 실기 검정방법 | 작업형 | 시험시간 | 11분 정도 |
|---|---|---|---|

| 실기과목명 | 주요항목 | 세부항목 | 세세항목 |
|---|---|---|---|
| 바텐더<br>실무 | 1. 위생관리 | 1. 음료 영업장 위생 관리하기 | 1. 음료 영업장의 청결을 위하여 영업 전 청결상태를 확인하여 조치할 수 있다.<br>2. 음료 영업장의 청결을 위하여 영업 중 청결상태를 유지할 수 있다.<br>3. 음료 영업장의 청결을 위하여 영업 후 청결상태를 복원할 수 있다. |
|  |  | 2. 재료·기물·기구 위생 관리하기 | 1. 음료의 위생적 보관을 위하여 음료 진열장의 청결을 유지할 수 있다.<br>2. 음료 외 재료의 위생적 보관을 위하여 냉장고의 청결을 유지할 수 있다.<br>3. 조주 기물의 위생 관리를 위하여 살균 소독을 할 수 있다. |
|  |  | 3. 개인위생 관리 | 1. 이물질에 의한 오염을 막기 위하여 개인 유니폼을 항상 청결하게 유지할 수 있다.<br>2. 이물질에 의한 오염을 막기 위하여 손과 두발을 항상 청결하게 유지할 수 있다.<br>3. 병원균에 의한 오염을 막기 위하여 보건증을 발급받을 수 있다. |
|  | 2. 음료 특성 분석 | 1. 음료 분류하기 | 1. 알코올 함유량에 따라 음료를 분류할 수 있다.<br>2. 양조방법에 따라 음료를 분류할 수 있다.<br>3. 청량음료, 영양음료, 기호음료를 분류할 수 있다.<br>4. 지역별 전통주를 분류할 수 있다. |
|  |  | 2. 음료 특성 파악하기 | 1. 다양한 양조주의 기본적인 특성을 설명할 수 있다.<br>2. 다양한 증류주의 기본적인 특성을 설명할 수 있다.<br>3. 다양한 혼성주의 기본적인 특성을 설명할 수 있다.<br>4. 다양한 전통주의 기본적인 특성을 설명할 수 있다.<br>5. 다양한 청량음료, 영양음료, 기호음료의 기본적인 특성을 설명할 수 있다. |

| 실기과목명 | 주요항목 | 세부항목 | 세세항목 |
|---|---|---|---|
| | | 3. 음료 활용하기 | 1. 알코올성 음료를 칵테일 조주에 활용할 수 있다.<br>2. 비알코올성 음료를 칵테일 조주에 활용할 수 있다.<br>3. 비터와 시럽을 칵테일 조주에 활용할 수 있다. |
| | 3. 칵테일<br>기법 실무 | 1. 칵테일 특성<br>파악하기 | 1. 고객에서 정보를 제공하기 위하여 칵테일의 유래와 역사를 설명할 수 있다.<br>2. 칵테일 조주를 위하여 칵테일 기구의 사용법을 습득할 수 있다.<br>3. 칵테일별 특성에 따라서 칵테일을 분류할 수 있다. |
| | | 2. 칵테일 기법<br>수행하기 | 1. 세이킹(Shaking) 기법을 수행할 수 있다.<br>2. 빌딩(Building) 기법을 수행할 수 있다.<br>3. 스터링(Stirring) 기법을 수행할 수 있다.<br>4. 플로팅(Floating) 기법을 수행할 수 있다.<br>5. 블렌딩(Blending) 기법을 수행할 수 있다.<br>6. 머들링(Muddling) 기법을 수행할 수 있다. |
| | 4. 칵테일<br>조주 실무 | 1. 칵테일 조주하기 | 1. 동일한 맛을 유지하기 위하여 표준 레시피에 따라 조주할 수 있다.<br>2. 칵테일 종류에 따라 적절한 조주 기법을 활용할 수 있다.<br>3. 칵테일 종류에 따라 적절한 얼음과 글라스를 선택하여 조주할 수 있다. |
| | | 2. 전통주 칵테일<br>조주하기 | 1. 전통주 칵테일 레시피를 설명할 수 있다.<br>2. 전통주 칵테일을 조주할 수 있다.<br>3. 전통주 칵테일에 맞는 가니쉬를 사용할 수 있다. |
| | | 3. 칵테일<br>관능평가하기 | 1. 시각을 통해 조주된 칵테일을 평가할 수 있다.<br>2. 후각을 통해 조주된 칵테일을 평가할 수 있다.<br>3. 미각을 통해 조주된 칵테일을 평가할 수 있다. |
| | 5. 고객 서비스 | 1. 고객 응대하기 | 1. 고객의 예약사항을 관리할 수 있다.<br>2. 고객을 영접할 수 있다.<br>3. 고객의 요구사항과 불편사항을 적절하게 처리할 수 있다.<br>4. 고객을 환송할 수 있다. |
| | | 2. 주문 서비스하기 | 1. 음료 영업장의 메뉴를 파악할 수 있다.<br>2. 음료 영업장의 메뉴를 설명하고 주문 받을 수 있다.<br>3. 고객의 요구나 취향, 상황을 확인하고 맞춤형 메뉴를 추천할 수 있다. |
| | | 3. 편익 제공하기 | 1. 고객에 필요한 서비스 용품을 제공할 수 있다.<br>2. 고객에 필요한 서비스 시설을 제공할 수 있다.<br>3. 고객 만족을 위하여 이벤트를 수행할 수 있다. |
| | 6. 음료영업장<br>관리 | 1. 음료 영업장 시설<br>관리하기 | 1. 음료 영업장 시설물의 안전 상태를 점검할 수 있다.<br>2. 음료 영업장 시설물의 작동 상태를 점검할 수 있다.<br>3. 음료 영업장 시설물을 정해진 위치에 배치할 수 있다. |
| | | 2. 음료 영업장 기구·<br>글라스 관리하기 | 1. 음료 영업장 운영에 필요한 조주 기구, 글라스를 안전하게 관리할 수 있다.<br>2. 음료 영업장 운영에 필요한 조주 기구, 글라스를 정해진 장소에 보관할 수 있다.<br>3. 음료 영업장 운영에 필요한 조주 기구, 글라스의 정해진 수량을 유지할 수 있다. |
| | | 3. 음료 관리하기 | 1. 원가 및 재고 관리를 위하여 인벤토리(inventory)를 작성할 수 있다.<br>2. 파스탁(par stock)을 통하여 적정재고량을 관리할 수 있다.<br>3. 음료를 선입선출(F.I.F.O)에 따라 관리할 수 있다. |

| 실기과목명 | 주요항목 | 세부항목 | 세세항목 |
|---|---|---|---|
| | 7. 바텐더<br>외국어 사용 | 1. 기초 외국어<br>구사하기 | 1. 기초 외국어 습득을 통하여 외국어로 고객을 응대를 할 수 있다.<br>2. 기초 외국어 습득을 통하여 고객 응대에 필요한 외국어 문장을 해석할 수 있다.<br>3. 기초 외국어 습득을 통해서 고객 응대에 필요한 외국어 문장을 작성할 수 있다. |
| | | 2. 음료 영업장<br>전문용어 구사하기 | 1. 음료영업장 시설물과 조주 기구를 외국어로 표현할 수 있다.<br>2. 다양한 음료를 외국어로 표현할 수 있다.<br>3. 다양한 조주 기법을 외국어로 표현할 수 있다. |
| | 8. 식음료<br>영업 준비 | 1. 테이블 세팅하기 | 1. 메뉴에 따른 세팅 물품을 숙지하고 정확하게 준비할 수 있다.<br>2. 집기 취급 방법에 따라 테이블 세팅을 할 수 있다.<br>3. 집기의 놓는 위치에 따라 정확하게 테이블 세팅을 할 수 있다.<br>4. 테이블세팅 시에 소음이 나지 않게 할 수 있다.<br>5. 테이블과 의자의 균형을 조정할 수 있다.<br>6. 예약현황을 파악하여 요청사항에 따른 준비를 할 수 있다.<br>7. 영업장의 성격에 맞는 테이블크로스, 냅킨 등 린넨류를 다룰 수 있다.<br>8. 냅킨을 다양한 방법으로 활용하여 접을 수 있다. |
| | | 2. 스테이션 준비하기 | 1. 스테이션의 기물을 용도에 따라 정리할 수 있다.<br>2. 비품과 소모품의 위치와 수량을 확인하고 재고 목록표를 작성 할 수 있다.<br>3. 회전율을 고려한 일일 적정 재고량을 파악하여 부족한 물품이 없도록 확인할 수 있다.<br>4. 식자재 유통기한과 표시기준을 확인하고 선입선출의 방법에 따라 정돈 사용할 수 있다. |
| | | 3. 음료 재료<br>준비하기 | 1. 표준 레시피에 따라 음료제조에 필요한 재료의 종류와 수량을 파악하고 준비 할 수 있다.<br>2. 표준 레시피에 따라 과일 등의 재료를 손질하여 준비할 수 있다.<br>3. 덜어 쓰는 재료를 적합한 용기에 보관하고 유통기한을 표시할 수 있다. |
| | | 4. 영업장 점검하기 | 1. 영업장의 청결을 점검 할 수 있다.<br>2. 최적의 조명상태를 유지하도록 조명기구들을 점검할 수 있다.<br>3. 고정 설치물의 적합한 위치와 상태를 유지할 수 있도록 점검할 수 있다.<br>4. 영업장 테이블 및 의자의 상태를 점검할 수 있다.<br>5. 일일 메뉴의 특이사항과 재고를 점검할 수 있다. |
| | 9. 와인장비·<br>비품 관리 | 1. 와인글라스 유지·<br>관리하기 | 1. 와인글라스의 파손, 오염을 확인할 수 있다.<br>2. 와인글라스를 청결하게 유지·관리할 수 있다.<br>3. 와인글라스를 종류별로 정리·정돈할 수 있다.<br>4. 와인글라스의 종류별 재고를 적정하게 확보·유지할 수 있다. |
| | | 2. 와인디캔터 유지·<br>관리하기 | 1. 디캔터의 파손, 오염을 확인할 수 있다.<br>2. 디캔터를 청결하게 유지·관리할 수 있다.<br>3. 디캔터를 종류별로 정리·정돈할 수 있다.<br>4. 디캔터의 종류별 재고를 적정하게 확보·유지할 수 있다. |
| | | 3. 와인비품 유지·관<br>리하기 | 1. 와인오프너, 와인쿨러 등 비품의 파손, 오염을 확인할 수 있다.<br>2. 와인오프너, 와인쿨러 등 비품을 청결하게 유지·관리할 수 있다.<br>3. 와인오프너, 와인쿨러 등 비품을 종류별로 정리·정돈할 수 있다.<br>4. 와인오프너, 와인쿨러 등 비품을 적정하게 확보·유지할 수 있다. |

## 3. NCS 기반의 바텐더 직무

### (1) NCS(국가직무능력표준) 정의

국가직무능력표준(NCS, National Competency Standards)은 산업현장에서 직무를 수행하기 위해 요구되는 지식 · 기술 · 태도 등의 내용을 국가가 체계화한 것이다. NCS 직무로 개발된 음료 직무분야는 바텐더, 바리스타, 소믈리에 직무이다. 바텐더 직무에서 요구하는 능력단위명과 수준은 아래 표와 같다.

| 능력단위명 | 수 준 | 비 고 |
|---|---|---|
| 위생관리 | 3 | |
| 음료특성분석 | 3 | |
| 고객서비스 | 3 | 1. 능력단위명에는 능력단위요소가 있으며 능력단위요소마다 바텐더직무를 수행하는 수행준거가 있다. |
| 음료영업장관리 | 3 | |
| 메뉴개발 | 3 | 2. 수준을 설명하면 기능사 수준은 2수준 정도이며 산업기사 수준은 4수준 정도로 생각하면 된다. |
| 음료영업장마케팅 | 4 | |
| 음료영업장운영 | 5 | 3. 현재 개발된 바텐더직무의 수준을 개선할 필요가 있다. |
| 바텐더외국어사용 | 3 | |
| 칵테일기법실무 | 3 | |
| 칵테일조주실무 | 3 | |

참조 : www.ncs.go.kr

### (2) NCS기반에서의 바텐더직무 정의

바텐더 직무는 고객에게 다양한 음료와 휴식의 서비스를 제공하기 위해 음료에 대한 종류와 특성을 이해하고 칵테일을 조주한 후 고객에게 제공하며 음료 영업장의 음료관리와 개발, 마케팅, 운영을 수행하는 일이다.

# 목 차 ◇◇◇◇◇◇◇◇◇◇◇◇◇◇◇◇◇◇◇◇◇◇◇◇◇◇◇◇◇◇◇◇◇◇◇◇◇◇◇◇◇

# Part

조주기능사 필기

# 음료론

## 1 음료의 개념 및 역사

### (1) 음료의 개념

음료는 사람이 마실 수 있는 액체의 총칭으로 무알코올성 음료와 알코올성 음료로 구분한다. 알코올성 음료는 주세법상으로 1% 이상의 알코올 성분이 함유된 음료를 말하며, 주세법상 알코올분이란 원용량에 포함되어 있는 에틸알코올을 의미한다.

- 알코올성음료에는 증류주, 양조주, 혼성주로 분류하며 비알코올성 음료에는 청량음료, 영양음료, 기호음료로 분류한다.
- 청량음료에서 탄산음료란 먹는 물에 식품 또는 식품첨가물(착향료 제외) 등을 가하여 탄산가스를 주입한 것을 말한다.
- 착향탄산음료란 탄산음료에 식품첨가물(착향료)을 주입한 것을 말한다.
- 과일음료는 과일즙이 10% 이상 포함된 농축과일즙(또는 과일분), 과일주스 등을 원료로 하여 가공한 것을 말한다.
- 유산균음료는 유산균을 배양하여 유산ㆍ발효시킨 것에 살균수를 가해서 희석한 후 당분, 향료 등을 첨가해 용기에 충전한 음료이다.

아래의 음료 구분 도표를 살펴보면 다양한 음료가 존재하고 있으며 계속해서 인간의 취향에 맞는 새로운 음료를 개발하고 있음을 알 수 있다.

※ 음료 구분 도표

| 음료<br>(Beverage) | 비알코올성 음료 | 청량음료 | 탄산음료 |
| --- | --- | --- | --- |
| | | | 무탄산음료 |
| | | 영양음료 | 주스류 |
| | | | 우유류 |
| | | 기호음료 | 커피 |
| | | | 티 |

| 음료<br>(Beverage) | 알코올성 음료<br>(Alcoholic<br>Beverage) | 양조주(발효주) | 맥 주 | |
| --- | --- | --- | --- | --- |
| | | | 와 인 | |
| | | | 과실주 | |
| | | | 곡 주 | |
| | | 증류주 | 위스키 | 스카치위스키 |
| | | | | 아메리칸 위스키 |
| | | | | 캐나디언 위스키 |
| | | | | 아이리쉬 위스키 |
| | | | | 일본 위스키 |
| | | | 브랜디 | |
| | | | 진 | 홀랜드 |
| | | | | 잉글랜드 |
| | | | | 아메리칸 |
| | | | 보드카 | |
| | | | 럼 | |
| | | | 데킬라 | |
| | | | 아쿠아비트 | |
| | | 혼성주 | 리큐어 | 약초류, 향초류 |
| | | | | 과실류 |
| | | | | 종자류 |
| | | | | 특수류 |
| | | | 칵테일 | |

## (2) 음료의 역사

음료의 역사에 대한 문헌은 찾기 어렵지만 유적과 유물을 통하여 추측이 가능하다. 스페인 발렌시아 부근 동굴벽화의 봉밀을 채취하는 그림이 대표적인 사례이다. 또한 고고학적 자료에 따르면 BC 6000년경에 바빌로니아에서 레몬과즙을 마셨다는 기록과 물에 젖어 발효된 빵에 의하여 맥주를 만들게 되었다는 기록이 있다. 중앙아시아에서는 야생의 포도가 자연 발효되어 와인을 마시게 되었다는 것과 자연에서 흘러나온 천연광천수로 인해 탄산음료를 만나게 되었다는 이야기가 있다. 탄산가스 발견자는 18세기 영국 화학자 '조셉 프리스틀리'이며 그의 발견은 후세에 청량음료 개발에 기여하였다.

## (1) 알코올성음료(Alcoholic Beverage)

### 1) 양조주 또는 발효주(Fermented Liquor)

알코올 도수가 20% 정도가 되면 효모 스스로는 알코올발효 활동을 중지하는데, 이때 만들어지는 주류이다. 도수가 낮은 과실주, 맥주, 막걸리, 약주, 탁주, 청주 등이 있다. 즉, 양조주는 효모와 당분으로 에틸알코올과 이산화탄소를 생성하여 만든 술이다.

### 2) 증류주(Distilled Liquor)

양조주를 증류하여 더 높은 도수를 만들며, 안동소주, 아쿠아비트, 브랜디, 위스키, 럼, 진, 보드카, 테킬라와 같은 알코올 도수 20% 이상의 술이 있다.

### 3) 혼성주(Compounded Liquor)

양조주 또는 증류주를 사용하여 초근목피(풀뿌리와 나무껍질), 약초, 향미, 과실, 당분 등을 배합해 색상이나 향을 만들어낸 술이다. 혼성주에는 프랑스 수도원에서 수도사들이 만든 술이 있는 것이 특징이다.

## (2) 비알콜성 음료(Non-Alcoholic Beverage)

### 1) 청량음료(Soft Drink)

① 탄산음료 : 탄산음료에는 콜라, 소다수(Soda Water), 토닉워터(Tonic Water), 콜린스 믹스(Collins Mix), 진저에일(Ginger Ale) 등이 있으며, 우리가 알고 있는 사이다(Cider)는 유럽에서 탄산음료가 아닌 사과로 만든 과실주로 통한다. 때문에 칵테일에서는 사이다가 아닌 스프라이트(Sprite)라고 칭한다.

② 비탄산음료 : 일반적으로는 물(Water)을 말하는데 미네랄 워터, 에비앙 워터, 셀처 워터, 페리에 워터 등이 있으며, 우리나라 제품인 초정약수는 탄산수이다.

### 2) 영양음료(Nutritional Drink)

건강에 도움을 주는 영양 성분이 들어 있는 음료를 말하며 우유, 락트산균 음료, 과일주스, 채소주스 등이 영양음료로 분류된다. 이때 토마토 주스의 경우는 과일이 아닌 채소로 분류되어 과실음료가 아니다.

### 3) 기호음료(Favorite Drink)

술, 차, 커피와 같이 사람들이 널리 즐기고 좋아하여 마시는 음료를 총칭한다.

**01** 음료의 역사에 대한 설명으로 틀린 것은?

① 기원전 6000년경 바빌로니아 사람들은 레몬과즙을 마셨다.

② 스페인 발렌시아 부근의 동굴에는 탄산가스를 발견해 마시는 벽화가 있다.

③ 바빌로니아 사람들은 밀빵이 물에 젖어 발효된 맥주를 발견해 음료로 즐겼다.

④ 중앙아시아 지역에서는 야생의 포도가 쌓여 자연 발효된 포도주를 음료로 즐겼다.

---

그리스에서는 천연광천수를 발견 후 약으로 마시기 시작했고, 18세기 영국의 화학자 조셉 프리스틀리의 탄산가스 발견이 인공탄산음료 발명의 계기가 되어 청량음료가 개발되었다.

정답 ②

**02** 음료류와 주류에 대한 설명으로 틀린 것은?

① 탄산음료는 먹는 물에 식품 또는 식품첨가물(착향료 제외) 등을 가하여 탄산가스를 주입한 것을 말한다.

② 착향탄산음료는 탄산음료에 식품첨가물(착향료)을 주입한 것을 말한다.

③ 과실음료는 농축과실즙(또는 과실분), 과실주스 등을 원료로 하여 가공한 것(과실즙 10% 이상)을 말한다.

④ 유산균음료는 유가공품 또는 식물성 원료를 효모로 발효시켜 가공(살균을 포함)한 것을 말한다.

---

요구르트와 같은 유산균 음료는 유산균을 배양하여 유산·발효시킨 것에 살균수로 희석한 후 당분, 향료 등을 가해 용기에 충전하여 만든다. 즉, 우유나 탈지유를 원료로 하여 젖산을 발효시켜 만든 음료이다.

정답 ④

**03** 알코올성 음료의 제조법에 따른 3가지 분류에 속하지 않는 것은?

① 증류주
② 혼합주
③ 양조주
④ 혼성주

---

알코올성 음료는 제조 방법에 따라 양조주(발효주), 증류주, 혼성주로 구분한다. 혼합주는 두 가지 이상의 재료를 혼합하여 만든 믹스 드링크이며 칵테일이라고도 한다. 칵테일은 비알코올성 음료를 포함한다.

정답 ②

**04** 제조방법에 따른 술의 분류로 옳은 것은?

① 발효주, 증류주, 추출주
② 양조주, 증류주, 혼성주
③ 발효주, 칵테일, 에센스주
④ 양조주, 칵테일, 여과주

---

제조방법에 따라 발효시켜 만드는 양조주, 증류시켜 만드는 증류주, 혼합하여 만드는 혼성주로 분류한다.

**정답 ②**

**05** 음료의 분류상 나머지 셋과 다른 하나는?

① 맥주
② 브랜디
③ 청주
④ 막걸리

---

브랜디는 과실로 만든 증류주이며 나머지는 양조주(발효주)이다.

**정답 ②**

CHAPTER
02

# 양조주(발효주)

양조주의 개념 및 제조 방법

## (1) 양조주 개념

양조주(발효주)는 과일에 함유되어있는 과당을 발효시키거나, 곡물에 함유되어 있는 전분을 당화시켜 효모의 작용을 통해 1차 발효를 시켜 만든 알코올성 음료이다.

즉, 과일에 함유되어있는 당분 및 과당, 곡물류에 함유되어 있는 전분에 효모를 첨가시켜 발효 후 알코올을 만드는데, 발효 과정에서 당분이나 전분이 효모에 의해 에틸알코올과 이산화탄소를 발생시킨다. 주정도가 20%를 초과하지 않기 때문에 증류주에 비교해서 유효기간이 길지 않다는 단점이 있으며, 양조주에는 도수가 낮은 과실주, 맥주, 막걸리, 약주, 탁주, 청주 등이 있다.

## (2) 양조주 제조방법

양조주를 발효방법으로 분류 시 단발효법과 복발효법이 있으며 복발효법은 다시 단행복발효와 병행복발효로 나뉜다.

- 단발효법 : 당분에서 알코올을 생성하는 방법으로 단맛이 있는 과일즙과 같이 자체의 당에 효모를 투입하여 알코올을 생성하는 방식이다. 대표적인 주류는 와인이다.
- 복발효법 : 당화와 알코올 발효의 두 단계를 병행하는 발효법으로, 쌀(곡물)과 같이 효모를 직접 이용할 수 없는 전분 형태의 원료일 경우에 사용한다. 전분을 당으로 만드는 당화 과정과 이때 생성된 당으로 알코올을 생성하는 알코올 발효이다. 복발효법에는 단행복발효법과 병행복발효법이 있다.
  - 단행복발효법 : 당화와 알코올 발효가 동시에 일어나지 않는다. 대표적인 주류는 맥주, 위스키 등이 있다.
  - 병행복발효법 : 당화와 알코올 발효가 동시에 일어난다. 대표적인 주류는 탁주, 증류식 소주 등이 있다.

**06** 양조주에 대한 설명으로 옳은 것은?

① 당질 또는 전분질 원료에 효모를 첨가해 발효시켜 만든 술이다.
② 발효주에 열을 가해 증류시켜 만든다.
③ Amaretto, Drambuie, Cointreau 등은 양조주에 속한다.
④ 증류주 등에 초근목피, 향료, 과즙, 당분을 첨가하여 만든 술이다.

②는 증류주, ③, ④는 혼성주에 관한 설명이다.

정답 : ①

**07** 다음 중 양조주가 아닌 술은?

① 소주
② 적포도주
③ 맥주
④ 청주

소주는 물과 희석된 증류주라 볼 수 있다.

정답 : ①

**08** 다음 중 양조주가 아닌 것은?

① 맥주(Beer)
② 와인(Wine)
③ 브랜디(Brandy)
④ 풀케(Pulque)

브랜디는 포도 등 과일의 발효액을 증류시켜 만든 증류주이며, 풀케는 증류주인 데킬라를 만드는 것이 가능한 발효주이다.

정답 : ③

**09** 다음 중 양조주(Fermented Liquor)에 포함되지 않는 것은?

① 와인
② 맥주
③ 막걸리
④ 진

양조주는 발효주라고도 하며 증류주보다 알코올 도수가 낮은 것이 특징이다. 진은 증류주에 속한다.

정답 : ④

**10**  다음 중 사과로 만들어진 것은?

① Campus Napoleon

② Cider

③ Kirsch Wasser

④ Anisette

Cider(사이다)는 사과를 발효해서 만든 양조주이다.

정답 : ②

**11**  다음 주세법상 발효주류에 해당하는 것은?

① 탁주

② 소주

③ 위스키

④ 칵테일

정답 : ①

**12**  다음 중 주세법상 발효주류에 해당하지 않는 것은?

① 소주          ② 탁주

③ 약주          ④ 과실주

소주는 주세법상 희석된 증류주이다.

정답 : ①

**13**  다음 중 단발효법으로 만들어진 것은?

① 맥주          ② 청주

③ 포도주        ④ 탁주

당화공정이 없이 이루어지는 발효법을 단발효법이라고 하며 대표적으로 포도주가 있다.

정답 : ③

**14**  약주, 탁주 제조에 사용되는 발효제가 아닌 것은?

① 누룩          ② 입국

③ 조효소제      ④ 유산균

우유나 탈지유를 원료로 하여 젖산을 발효시켜 만든 음료에 유산균이 발효제로 쓰인다.

정답 : ④

와인에서 중요한 용어로서 떼루아(Terroir)는 떼루아르라고도 발음하며, 프랑스어로 포도나무가 생장하는 데 필요한 기후, 토양, 포도재배법(농부의 정성)을 말한다. 이는 모든 농작물의 생장에 필요한 天(하늘). 地(땅). 人(사람)이라고 할 수 있다.

아래의 지도는 포도나무가 자라는 와인벨트로, 인간의 신체에 비유하면 지구의 허리에 위치한 나라들인데 북위 28°~50°, 남위 27°~48° 범위에서 포도나무가 잘 생장한다.

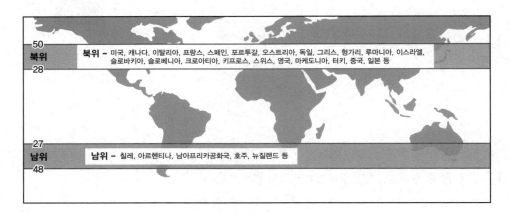

와인은 포도를 원료로 하여 만든 양조주로, 일반적인 과실주와 다른 점은 포도 껍질과 과육에 효모와 당분이 존재해 다른 양조주와 달리 첨가제와 물이 필요하지 않은 매우 훌륭한 술이다. 와인은 숙성과정이 길기 때문에 마시기 전 시음(Tasting)을 거친다. 눈으로 색상(시각)을 보고, 코로 와인 향(후각)을 맡고, 입속에서 맛(미각)을 보는 3가지 단계를 거쳐 와인을 관찰하는 것이다. 또한 와인은 해당국가의 언어를 사용하여 와인병 라벨을 표기하기 때문에 언어마다 부르는 명칭이 다르다. 영어-Wine(와인), 독일어-Wein(바인), 이탈리아어-Vino(비노), 프랑스어-Vin(뱅), 스페인어-Vino(비노), 포르투갈어-Vinho(비뉴)라고 부르며, 이와 같은 특징 때문에 와인 학습에는 언어의 기초 학습까지 따르는 경향이 있다.

## (1) 와인 색상별 분류

와인을 색상별로 분류하면 대표적인 3가지 레드 와인, 화이트 와인, 로제 와인과 옐로우 와인이 있다.

### 1) 레드 와인(Red Wine)

포도 껍질을 제거하지 않고 발효시킨 것으로 육류 요리와 잘 어울리는 와인이다. 육류를 와인과 같이 입속에 넣었을 때 육질이 부드러워지기 때문이다. 레드 와인은 차갑게 마시지 않고 실내온도로 하여 마시는데, 숙성된 와인은 1~2시간 전에 코르크 마개를 열어둔 후 마시면 부드럽다.

※ 제조과정 : 수확(Harvest) → 파쇄(Mushing) → 발효(Fermentation) → 압착(Pressing) → 숙성(Aging) → 여과(Filtering) → 병입(Bottling)

## 2) 화이트 와인(White Wine)

레드 와인과 다르게 색상이 투명한 와인이며 청포도 또는 적포도로 만든다. 어울리는 음식은 해산물 요리로, 신선한 과일향을 유지하기 위하여 차갑게 마신다.

※ 제조 과정 : 수확(harvest) → 파쇄(Mushing) → 압착(Pressing) → 발효(Fermentation) → 숙성(Aging) → 여과(Filtering) → 병입(Bottling)

## 3) 로제 와인(Rosé Wine)

레드 와인보다 가벼운 맛의 와인으로 비교적 젊은 연령층이 선호하는 와인이다. 장미라는 의미를 가진 프랑스어 Rose(로즈)에 기원한 명칭은 연한 장미빛을 띄는 로제 와인의 특성을 잘 말해준다. 레드 와인이 만들어지는 중간 과정에서 포도껍질을 제거하는 방식으로 만들며, 로제 스파클링 와인은 레드 와인과 화이트 와인을 혼합해서 만들기도 한다.

## (2) 맛에 의해 분류

와인의 맛은 단맛의 정도에 따라 상세하게 분류하는데 크게 스위트 와인(Sweet Wine)과 드라이 와인(Dry Wine)으로 구분한다.

## 1) 스위트 와인(Sweet Wine)

와인에 단맛을 내는 성분을 넣거나 당분이 많이 남게 빚어 단맛을 느낄 수 있는 와인이다. 감미 와인을 만드는 대표적인 방법은 귀부포도를 사용하여 만드는 것이다.

※ 귀부포도 : 포도에 있는 곰팡이(Botrytis Cinerea)에 의하여 포도 열매가 귀하게 부패한 포도를 칭하며, 영어로는 Noble Rot, 프랑스어로는 Pourriture Noble이라고 한다.

## 2) 드라이 와인(Dry Wine)

단맛을 조절하기 위하여 포도액상을 발효시키는 과정에서 당분을 모두 발효시켜 단맛이 거의 없게 만든 와인으로 무감미 와인이라고도 한다.

## (3) 탄산가스 유무에 의해 분류

발효를 하다보면 이산화탄소와 같은 탄산가스가 발생하는데, 이 탄산가스의 유무에 따라 발포성 와인(Sparkling Wine)과 비발포성 와인(Still Wine)으로 분류한다.

## 1) 발포성 와인(Sparkling Wine)

탄산가스가 함유된 와인으로 우리가 흔히 생각하는 샴페인이다. 하지만 '샴페인'이라는 명칭은 프랑스 샹파뉴지역에서 만든 발포성 와인을 지칭하는 것이며, 발포성 와인은 나라나 지역마다 지칭하는 용어가 다르다. 프랑스는 크레망(Cremant) 또는 뱅 무쉐(Vin Mousseux), 이탈리아는 스푸만테(Spumante), 스페인은 카바(Cava), 독일은 젝트(Sekt)라고 부른다.

※ 샴페인(Champagne)

프랑스의 샹파뉴(Champagne) 지방에서 만든 스파클링 와인의 경우 샴페인(Champagne)이라고 부르며 동 페리뇽이라는 베네딕트 수도원의 수도승에 의해 만들어진 와인이다. 포도 품종으로는 샤르도네(Chardonnay), 피노 누아(Pinot Noir), 피노 뫼니에(Pinot Meunier) 등을 사용한다.

## 2) 비발포성 와인(Still Wine)

발포성 와인과 다르게 탄산가스를 완전히 제거한 일반적인 와인으로 스틸와인이라 부른다.

## (4) 알코올첨가에 의한 분류

일반적으로 와인은 양조주이기 때문에 주정도가 20%를 넘지 않고 평균 12% 정도이다. 때문에 이 주정도를 높이기 위하여 브랜디와 같은 증류주를 혼합하는 경우가 있다.

## 1) 주정강화 와인(Fortified Wine)

알코올도수를 높여 와인의 변질을 방지하기 위해 증류주인 브랜디를 첨가한 와인이다. 세계 3대 주정강화 와인은 스페인의 셰리 와인(Sherry Wine), 포르투갈의 포트 와인(Port Wine)과 포르투갈의 마데이라(Madeira)이며, 특히 스페인산 주정강화 와인 중 셰리 와인(Sherry Wine)의 경우 솔레라(Solera) 시스템이라는 특별한 조주 방법을 사용한다. 셰리 와인은 당도에 따라서 크게 드라이 셰리, 미디움 셰리, 크림 셰리로 구별하고 보데가(Bodega)에서 숙성시킨다.

## 2) 주정비강화 와인(Unfortified Wine)

알코올을 첨가하지 않은 와인이다.

## (5) 식사용도별 분류

유럽에서 시작한 와인은 그 음주문화의 양상이 음식문화와 동일한 경향을 보이고 있는데, 와인을 식사하기 전 입맛을 돋우는 와인, 식사 중에 마시는 와인, 식사 후에 마시는 와인으로 분류하는 것이 대표적인 예이다.

## 1) 식전용 와인(Aperitif Wine)

식사하기 전에 입맛을 돋우기 위해 마시는 단맛이 없는 와인으로, 스페인의 드라이 셰리 와인(Dry Sherry Wine), 이탈리아의 드라이 베르무트(Dry Vermouth), 독일의 리슬링 (Riesling), 드라이 샴페인 등이 있다.

## 2) 테이블 와인(Table Wine)

식사를 하면서 마시는 와인을 말한다.

## 3) 식후용 와인(Dessert Wine)

식사 후에 마시는 와인은 달콤한 맛이 특징이며, 포르투갈의 포트 와인(Port Wine), 스페인의 크림 셰리(Cream Sherry Wine), 헝가리의 귀부 와인(토카이)이 대표적인 와인이다.

## (6) 와인 포도 품종

동일한 포도 품종이라도 국가별 떼루아에 따라 색, 향, 맛이 다를 수도 있고 국가마다 포도 품종 명칭이 다르다.

| Red Wine의 대표 포도 품종 | White Wine의 대표 포도 품종 |
|---|---|
| Cabernet Sauvignon(카베르네 소비뇽)<br>Cabernet Franc(카베르네 프랑)<br>Malbec(말벡)<br>Merlot(메를로)<br>Gamay(가메)<br>Grenache(그르나슈)<br>Pinot Noir(피노 누아르)<br>Shiraz(쉬라즈)<br>Sangiovese(산지오베제) | Chardonnay(샤르도네)<br>Chenin Blanc(슈냉 블랑)<br>Muscat(머스캣, 무스카트)<br>Muscadelle(뮈스카델)<br>Pinot Grigio(피노 그리지오)<br>Riesling(리슬링)<br>Semillon(세미용)<br>Sauvignon Blanc(소비뇽 블랑)<br>Traminer(트라미너) |

## (7) 국가별 와인과 특징

### 1) 프랑스

원산지통제제도(AOC)는 프랑스에서 와인의 품질관리를 위해 도입하여 법적으로 규제하고 있는 제도이다.

① 프랑스 와인 등급

| 표 기 | 등급 내용 | 등급 |
|---|---|---|
| Vdt(Vin de Table) | 테이블와인 | 4등급 |
| Vdp(Vin de Pays) | 지역등급와인 | 3등급 |
| V.D.Q.S | 고급(우수품질제한와인) | 2등급 |
| A.O.C | 최고등급(원산지통제명칭와인) | 1등급 |

② 주요생산지역
　㉠ 보르도(Bordeaux) 지역
　　보르도의 레드 와인을 클라레(Claret)라고 하는데, 붉은 포도주의 청색빛을 동시에 가지는 짙은 적색의 와인이다. 프랑스 보르도 스타일의 레드 와인을 영국인들이 부르는 용어이기도 하다. 대표적인 포도산지로는 메독(세계 최고의 레드 와인 생산지), 포므론, 생떼밀리옹, 그라브, 소테른이 있다.
　㉡ 부르고뉴(Bourgogne) 지역
　　영어로는 버건디라고 하며 프랑스 동부의 황금골짜기이다. 보르도와 함께 프랑스 와인을 대표하는 양대 산맥이라고 할 수 있는 지역이다.
　㉢ 상파뉴(Champagne) 지역
　　수도승 동 페리뇽(Dom Perignon)이 샴페인과 코르크 마개를 개발하였다.
③ 프랑스 샴페인 당도별 등급표

| 등급 용어 | 당도 함량 |
|---|---|
| 엑스트라 브뤼(Extra Brut) – 매우 Dry | 1리터당 6g 정도 |
| 브뤼(Brut) | 1리터당 15g 정도 |
| 엑스트라 드라이(Extra Dry) | 1리터당 12~20g |
| 쎅(Sec) | 1리터당 17~35g |
| 드미 쎅(Demi-Sec) | 1리터당 33~50g |
| 두(Doux) – 매우 Sweet | 1리터당 50g 이상 |

## 2) 독일

유럽 북부에 위치하여 날씨가 추운 이유로 레드 와인보다 화이트 와인의 생산량이 많으며 비교적 알코올 함량이 낮은 달콤한 아이스 와인도 생산된다. 대표적인 포도 품종으로는 품질이 우수한 리슬링이 주로 재배되는데, 여기서 생산되는 독일 라인(Rhein)산 화이트 와인을 호크 와인(Hock Wine)이라고 부른다.
① 독일 와인 등급표

| 표 기 | 등급 내용 | 등 급 |
|---|---|---|
| 타펠바인(Tafelwein) | 가장 낮은 등급 | 4 |
| 란트바인(Landwein) | 정해진 재배지역 | 3 |
| QbA(Qualitätswein bestimmter Anbaugebiete) | 고급 와인 | 2 |
| QmP(Qualitätswein mit Pärdikat) | 최고 등급 와인 | 1 |

② 주요생산지역

독일의 와인 산지들은 라인강이나 모젤강과 같은 큰 강이나 그 지류를 끼고 발달해 있는데, 대표적으로 고급 독일 와인의 대부분이 생산되는 4대 산지인 모젤(Mosel), 라인가우(Rheingau), 라인헤센(Rheinhessen), 팔츠(Pfalz)가 있다.

## 3) 이탈리아

이탈리아의 와인은 프랑스보다 발전은 늦었지만 그리스 시대부터 시작해 오래된 역사를 가졌다.

① 이탈리아 와인 등급표

| 표 기 | 등급 내용 | 등 급 |
| --- | --- | --- |
| VDT(Vino Da Tavola) | 가장 낮은 등급 | 4 |
| IGT | 재배지역 정해짐 | 3 |
| DOC | 고급 와인 | 2 |
| DOCG | 최고 등급 와인 | 1 |

② 주요생산지역

Toscana(토스카나), Piemonte(피에몬테), Veneto(베네토)

## 4) 스페인

포도병충해 필록세라 때문에 포도밭이 황폐해지자, 대다수의 프랑스 보르도 와인 생산자들은 상대적으로 피해가 적었던 스페인 리오하(Rioja) 지역으로 이주했다. 이때 프랑스의 수준 높은 양조기술이 전파되면서 스페인 와인이 발달하게 되었고 남미 국가까지 영향을 미치게 되었다.

① 스페인 와인 등급표

| 표 기 | 등급 내용 | 등 급 |
| --- | --- | --- |
| Vino de Mesa | 테이블 와인 | 5 |
| Vino de la Tierra | 스페인에서 생산되는 와인 | 4 |
| DO | DOC 등급보다는 한 단계 낮은 와인 | 3 |
| DOCa | 스페인 원산지 명칭 제도 | 2 |
| PAGO (Vino de Pago) | 최고 등급 | 1 |

② 주요생산지역

Galicia(갈리시아), Castilla y León(까스띨랴 이 레온), North-Central Spain(북중앙 스페인), Catalunya(카탈루냐), Meseta(메세타), Valencia&Murcia(발렌시아&무르시아), Andalucia(안달루시아) 등이 있다.

## (8) 와인 용어 정리

- 아로마(Aroma) : 포도 품종에 따라 맡을 수 있는 와인의 1차 향기이다.
- 부케(Bouquet) : 오크통 숙성 과정에서 생기는 와인의 2차 향기이다.
- 밸런스(Balance) : 산도, 당분, 타닌, 알코올 도수가 조화를 이루는 균형을 표현한다.
- 바디(Body) : 맛의 점성도, 진한 정도와 농도 혹은 질감의 정도를 표현한다.
- 타닌(Tannin) : 폴리페놀 물질로 쓴맛 혹은 수렴성이 있어서 입안에서 떫은맛을 느끼게 한다. 포도의 껍질과 줄기 그리고 씨앗에 많이 함유되어 있으며 오크통에서 숙성할 때에 많은 타닌성분이 나온다.
- 우디(Woody) : 오랜 기간 동안 오크통에 숙성 보관된 경우에 와인에 나무의 향과 맛이 강하게 흡수된다.
- 드라이(Dry) : 단맛이 없다는 의미이며 불어로는 Sec이라 표현한다.
- 두(Doux) : 달콤하다는 뜻의 불어표현으로 둘세(Dulce), 스위트(Sweet)와 동일한 의미이다.
- 그린 하비스트(Green Harvest) : 수확되는 포도의 양에 제한을 두기 위해 성숙하지 않은 포도송이의 일부를 잘라서 제거하는 작업을 말한다.
- 코르키 와인(Corky Wine) 또는 부쇼네(Bouchonne) : 와인에서 오래된 신문지 냄새가 나는 경우를 말하며 코르크에 미세한 곰팡이가 붙어 있다가 와인에까지 냄새를 전달한다.
- 후루티(Fruity) : 포도의 신선한 향을 유지하고 있는 와인이다.
- 플랫(Flat) : 산미와 생동감이 결여된 와인을 뜻하는 테이스팅 용어이다.
- 펀트(Punt) : 침전물을 가라앉히기 위해 와인 병 바닥이 오목하게 들어간 것을 말한다.
- 솔레라(Solera) : 스페인 셰리 와인의 특징으로 오래된 와인에 신선한 와인을 첨가함으로써 와인의 신선도를 유지하며 일정한 스타일의 와인을 생산하는 기법이다.
- 정화(Fining) : 규조토(벤토나이트), 계란 흰자(알부민), 스킴 밀크(카제인) 등을 사용하여 와인에 남아있는 효모나 단백질 이물질을 제거하는 작업이다.
- 칠링(Chilling) : 와인을 음미하기 전 최적의 온도로 냉각하는 작업이다.
- 브리딩(Breathing) : 숙성이 덜 된 와인을 많은 산소에 급하게 접촉시켜서 맛과 향을 끌어내는 작업이다.
- 이산화황(SO2) : 포도의 부패나 갈변을 방지하는 항산화제 역할을 한다.
- 래킹(Racking) : 2차 발효를 마친 와인을 보관하는 통을 일정 주기로 갈아주어 침전물을 방지하고 제거하는 작업이다.
- 빈티지(Vintage) : 포도의 수확연도를 말하며 와인병 라벨에 표기된다.

**15** 탄산가스를 함유하지 않은 일반적인 와인을 의미 하는 것은?

① Sparking Wine  
③ Aromatic Wine  
② Fortified Wine  
④ Still Wine

일반적인 와인은 스틸와인(Still Wine)이라 부른다.

정답 : ④

**16** Table Wine으로 적합하지 않은 것은?

① White Wine  
③ Rose Wine  
② Red Wine  
④ Cream Sherry

Table Wine은 식사와 함께 마시는 와인이다. Cream Sherry는 농후하고 짙은 갈색을 띤 달콤한 맛으로 주로 식후주로 마신다.

정답 : ④

**17** 와인을 분류하는 방법의 연결이 틀린 것은?

① 스파클링 와인 – 알코올 유무  
② 드라이 와인– 맛  
③ 아페리티프 와인 – 식사용도  
④ 로제 와인 – 색깔

와인은 탄산의 유무에 따라 스틸 와인(무탄산음료)과 스파클링 와인(탄산음료)으로 분류한다.

정답 : ①

**18** 와인의 용도별 분류가 바르게 된 것은?

① White 와인, Red 와인, Green 와인  
② Sweet 와인, Dry 와인  
③ Aperitif 와인, Table 와인, Dessert 와인  
④ Sparkling 와인, Still 와인

포도주의 분류  
– 용도별 분류 : Aperitif Wine, Table Wine, Dessert Wine  
– 색상별 분류 : 레드 와인, 화이트 와인, 그린 와인  
– 탄산가스 유무 : 발포성 와인, 비발포성 와인

정답 : ③

**19** 다음에서 설명하는 프랑스의 기후는?

> 연평균 기온 11~12.5℃ 사이의 온화한 기후로 걸프스트림이라는 바닷바람의 영향을 받으며 보르도, 코냑, 알마냑 지방 등에 영향을 준다.

① 대서양 기후            ② 내륙성 기후
③ 지중해성 기후         ④ 대륙성 기후

프랑스는 대서양 기후에 속한다.

정답 : ①

**20** 다음 중 와인의 품질을 결정하는 요소로 가장 거리가 먼 것은?

① 환경요소(Terroir-떼루아)      ② 양조 기술
③ 포도 품종                 ④ 부케(Bouquet)

부케는 와인을 오크통에서 저장했다가 꺼냈을 때 묻어나오는 와인의 2차 향기이다.

정답 : ④

**21** 와인 제조용 포도재배 시 일조량이 부족한 경우의 해결책은?

① 알코올분 제거         ② 황산구리 살포
③ 물 첨가하기            ④ 발효 시 포도즙에 설탕을 첨가

일조량이 충분하지 않아 효소가 부족하면 포도당을 많이 만들 수 없으므로 설탕으로 보충한다(저급 와인만).

정답 : ④

**22** 와인의 산지별 특징에 대한 설명으로 틀린 것은?

① 프랑스 Provence : 프랑스에서 가장 오래된 포도재배지로 주로 Rose Wine을 많이 생산한다.
② 프랑스 Bourgogne : 프랑스 동부지역으로 Claret Wine으로 알려져 있다.
③ 독일 Mosel Saar Ruwer : 세계에서 가장 북쪽에 위치한 포도주 생산지역이다.
④ 이탈리아 Toscana : White Wine과 Red Wine을 섞어 양조한 Chianti가 생산된다.

영어로는 버건디라고 하는 부르고뉴 지역의 와인은 단일 품종의 와인만을 사용해서 만든다. 부르고뉴는 샤브리부터 보졸레까지의 지역이며, 우수한 와인의 생산지가 남북으로 이어져 있는 보르도와 더불어 프랑스 와인을 대표하는 산지이다. 부르고뉴의 A.O.C급 와인 생산지역으로는 샤브리(Chablis), 코트 도오르(Cote Dor), 마코네(Maconnais) 등이 있다. Claret Wine은 보르도산지 레드 와인을 영국인들이 부르는 명칭이다.

정답 : ②

**23** 프랑스 와인에 대한 설명으로 틀린 것은?

① 풍부하고 다양한 식생활 문화의 발달과 더불어 와인이 성장하게 되었다.

② 샹파뉴 지역은 연중기온이 높아 포도가 빨리 시어진다는 점을 이용하여 샴페인을 만든다.

③ 일찍부터 품질 관리 체제를 확립하여 와인을 생산해오고 있다.

④ 보르도 지역은 토양이 비옥하지 않지만, 거칠고 돌이 많아 배수가 잘된다.

---

샹파뉴 지역의 발포성 포도주는 샴페인이라고도 불리는데, 오직 샹파뉴 지역에서만 만들어진 발포성 포도주에만 샴페인이란 명칭을 사용할 수 있다. 샴페인에는 샤르도네(Chardonnay), 피노 누아(Pinot Noir), 피노 뫼니에르(Pinot Meunier)가 있다.

정답 : ②

**24** 프랑스 론, 프로방스 지방의 기후 특성은?

① 서늘한 내륙성 기후이다.

② 온화한 지중해성 기후이다.

③ 기후가 연중 고른 대서양 기후이다.

④ 습윤 대륙성 기후이다.

---

프로방스 지역의 포도원들은 론강 하구에서 시작하여 지중해까지 이어지고, 지리적·기후적 조건에 따라 서로 다른 다섯 개의 떼루아로 나뉜다.

정답 : ②

**25** 프랑스의 포도주 생산지가 아닌 것은?

① 보르도                    ② 부르고뉴
③ 보졸레                    ④ 키안티

---

키안티는 이탈리아 토스카나 지방의 포도주이다.

정답 : ④

**26** 프랑스에서 부르고뉴(Bourgogne) 지방과 함께 대표적인 포도주 산지로서 Medoc, Graves 등이 유명한 지방은?

① Pilsner                    ② Bordeaux
③ Staut                      ④ Mousseux

---

프랑스 와인의 양대 산맥은 부르고뉴(Bourgogne)와 보르도(Bordeaux) 지역이다.

정답 : ②

**27** 다음 보기에 대한 설명으로 옳은 것은?

> 만자닐라(Manzanilla)　　　　　　몬틸라(Montilla),
> 올로로소(Oloroso)　　　　　　　아몬틸라도(Amontillado)

① 이탈리아 와인
② 스페인 화이트 와인
③ 프랑스 샴페인
④ 독일 와인

정답 : ②

**28** 독일의 와인에 대한 설명 중 틀린 것은?

① 라인(Rhein)과 모젤(Mosel) 지역이 대표적이다.
② 리슬링(Riesling) 품종의 백포도주가 유명하다.
③ 와인의 등급을 포도 수확 시의 당분함량에 따라 결정한다.
④ 1935년 원산지 호칭 통제법을 제정하여 오늘날까지 시행하고 있다.

독일은 1971년부터 시행한 와인법의 규정에 의해 와인의 품질을 분류하였다.

정답 : ④

**29** 호크(Hoke) 와인이란?

① 독일 라인산 화이트 와인
② 프랑스 버건디산 레드 와인
③ 스페인 호크하임엘산 레드 와인
④ 이탈리아 피에몬테산 레드 와인

정답 : ①

**30** 다음 중 레드 와인용 포도 품종이 아닌 것은?

① 리슬링(Riesling)
② 메를로(Merlot)
③ 피노 누아(Pinot Noir)
④ 카베르네 쇼비뇽(Cabernet Sauvignon)

리슬링은 화이트 와인의 대표 품종이다

정답 : ①

**31** 부르고뉴 지역의 주요 포도 품종은?

① 가메이와 메를로             ② 샤르도네와 피노 누아

③ 리슬링과 산지오베제        ④ 진판델과 카베르네 소비뇽

---

샤르도네는 부르고뉴 지역 최고의 포도 품종이며, 피노 누아는 부르고뉴 지역에서 생산되는 와인의 한 종류인 코트 도르의 원료가 되는 품종이다.

정답 : ②

**32** 샴페인에 쓰이는 포도 품종이 아닌 것은?

① 피노 누아(Pinot Noir)

② 피노 뫼니에르(Pinot Meunier)

③ 샤르도네(Chardonnay)

④ 세미용(Semillon)

---

샴페인은 적포도 품종인 Pinot Noir와 Pinot Meunier, 백포도 품종인 Chardonnay만 사용해 만든다. 이 중 Pinot Noir는 가장 많이 재배되며 와인의 골격을 잡아주는 품종이고, Pinot Meunier는 과일향이 좋고 부드러운 품종, Chardonnay는 신선하고 우아한 맛이 나며 최근에는 전체 포도 품종의 30%까지 재배 면적이 늘어난 품종이다.

정답 : ④

**33** 포도 품종에 대한 설명으로 틀린 것은?

① Syrah : 최근 호주의 대표품종으로 자리 잡고 있으며 호주에서는 Shiraz라고 불린다.

② Gamay : 주로 레드 와인으로 사용되며 과일 향이 풍부한 와인이 된다.

③ Merlot : 보르도, 캘리포니아, 칠레 등에서 재배되며 부드러운 맛이 난다.

④ Pinot Noir : 보졸레에서 이 품종으로 정상급 레드 와인을 만들고 있으며, 보졸레 누보에 사용한다.

---

Pinot Noir(피노 누아)는 프랑스 부르고뉴 지방이 원산지이며 정통 최고급 적포도주를 만드는 품종이다.

정답 : ④

**34** 독일의 리슬링(Riesling) 와인에 대한 설명으로 틀린 것은?

① 독일의 대표적 와인이다.

② 살구향, 사과향 등의 과실향이 주로 난다.

③ 대부분 무감미 와인(Dry Wine)이다.

④ 다른 나라 와인에 비해 비교적 알코올 도수가 낮다.

---

독일 리슬링 와인은 과일 향과 꽃향기가 풍부한 Sweet Wine으로 고급일수록 단맛이 강하다.

정답 : ③

**35** 다음은 어떤 포도 품종에 관하여 설명한 것인가?

> 작은 포도알, 깊은 적갈색, 두꺼운 껍질, 많은 씨앗이 특징이며, 씨앗은 타닌의 함량을
> 풍부하게 하고 두꺼운 껍질은 색깔을 깊이 있게 한다. 블랙커런트, 체리, 자두향을 지
> 니고 있으며 대표적인 생산지역은 프랑스 보르도 지방이다.

① 메를로(Merlot)
② 피노 누아(Pinot Noir)
③ 카베르네 쇼비뇽(Cabernet Sauvignon)
④ 샤르도네(Chardonnay)

정답 : ③

**36** 주로 화이트 와인을 양조할 때 쓰이는 품종은?

① Syrah                       ② Piont Noir
③ Cabernet Sauvignon          ④ Muscadet

---

프랑스 르와르 지방에서는 이스트 찌꺼기 위에서 숙성시킨 와인인 뮈스카데 쉬르리(Muscadet Surlie)를 만드
는데 믈롱 드 부르고뉴(Melon De Bourgogne)라고도 부른다. 드라이 화이트 와인으로서 Melon de Bourgogne
란 포도 품종으로 만든다.

정답 : ④

**37** 프랑스의 와인 등급에 해당되지 않는 것은?

① D.O.C.G                     ② V.D.Q.S
③ Vin de Pays                 ④ Vin de Table

---

D.O.C.G는 이탈리아 와인 품질 체계 중 최상위 등급을 말한다.

정답 : ①

**38** 프랑스 와인의 원산지 통제 증명법으로 가장 엄격한 기준은?

① D.O.C                       ② A.O.C
③ V.D.Q.S                     ④ Q.M.P

---

A.O.C는 프랑스 와인의 제일 높은 등급으로 생산지역, 포도 품종, 단위 면적당 최대 수확량 등의 엄격한 법규
를 적용함으로써 그 품질이 항상 보장된다.

정답 : ②

**39** 다음 샴페인 제조 과정 설명 중 맞는 것은?

① 2차 발효 : 2차 발효는 포도에서 나온 자연당과 효모를 이용한다.

② 르뮈아주(Remuage) : 찌꺼기를 병목에 모으는 작업이다.

③ 데고르주망(Degorgement) : 찌꺼기를 제거하기 위하여 −10℃ 정도에서 병목을 얼린다.

④ 도자쥬(Dosage) : 코르크로 병을 막는다.

---

샴페인은 2차 발효를 시키면서 부유물이 발생하는데 이 부유물을 제거하는 방법으로는 침전물을 병입구로 모으는 르뮈아주(Remuage)방법이 있다. 병목 부분을 순간 냉각으로 얼려서 병마개를 열면 내부압력에 의하여 침전물이 튀어나오게 하는 원리를 이용한 방법을 데고르주망(Degorgement)이라 하며, 침전물이 제거된 양만큼 감미조정액을 첨가하는 것을 도자쥬(Dosage)라 한다.

정답 : ②

**40** 와인의 발효 종류 중 젖산발효에 대한 설명으로 가장 거리가 먼 것은?

① 보다 좋은 알코올을 얻기 위한 과정이다.

② 유산발효(Malolactic Fermentation)라고도 한다.

③ 신맛을 줄여 와인을 부드럽게 한다.

④ 모든 와인에 필요한 것이 아니라 선택적으로 적용한다.

---

젖산발효(Malolactic Fermentation)란 효모가 아닌 젖산균에 의해 행해지는 발효이며, 젖산발효를 통해 사과산이 젖산으로 전환되는 이 과정을 통해 와인이 부드러워진다.

정답 : ①

**41** 다음 중 와인의 정화(Fining)에 사용되지 않는 것은?

① 규조토                         ② 달걀의 흰자
③ 카제인                         ④ 아황산용액

---

정화(Fining)는 발효가 끝난 후 응고제를 집어넣어 와인을 정화시키는 방법을 말하는데, 응고제로는 달걀 흰자가루, 젤라틴, 밀크파우더, 규조토, 카제인 등이 사용된다. 아황산염은 포도의 미생물을 살균하는 역할을 한다.

정답 : ④

**42** 감미와인(Sweet Wine)을 만드는 방법이 아닌 것은?

① 귀부포도(Noble Rot Grape)를 사용하는 방법

② 발효 도중 알코올을 강화하는 방법

③ 발효 시 설탕을 첨가하는 방법(Chaptalization)

④ 햇빛에 말린 포도를 사용하는 방법

---

감미(고급)와인은 포도즙 외에는 물도 사용하지 않는 천연 발효주이다(저급와인은 예외).

정답 : ③

**43** 셰리의 숙성 중 솔레라(Solera) 시스템에 대한 설명으로 옳은 것은?

① 소량씩의 반자동 블렌딩 방식이다.

② 영(Young)한 와인보다 숙성된 와인을 채워주는 방식이다.

③ 빈티지 셰리를 만들 때 사용한다.

④ 주정을 채워주는 방식이다.

---

솔레라(Solera)란 스페인의 셰리 와인과 포르투갈의 포트 와인을 조주할 때 사용되는 자연적인 블렌딩 기법으로, 동일한 크기의 오크통을 숙성도별로 층을 이루어 쌓은 후 통들을 파이프로 수평·수직으로 연결하는 방식이다. 이 방식을 사용하면 제일 하단의 와인이 가장 오랫동안 숙성된다.

정답 : ①

**44** 와인 양조 시 1%의 알코올을 만들기 위해 약 몇 g의 당분이 필요한가?

① 1g/ℓ

② 10g/ℓ

③ 16.5g/ℓ

④ 20.5g/ℓ

정답 : ③

**45** 아래 ( ) 안에 들어갈 알맞은 술은?

( ) is a fragrant grape−based pomace brandy of between 37.5% and 60% alcohol by volume(75 to 120 US proof), of Italian origin. Literally "grape stalk", most ( ) is made by distilling pomace and grape residue left over from wine making after pressing.

① Grappa

② Galliano

③ Sambuca

④ Campari

---

( )은(는) 향이 좋은 포도를 기본으로 한 알코올 도수 37.5%~60%인 이탈리아의 포메이스 브랜디이다. 문자 본래의 뜻대로 포도 줄기이며, 대부분의 ( )은(는) 포메이스와 압착 후 와인 메이킹에서 나온 포도 찌꺼기를 증류하여 만들어진다.

정답 : ①

**46** 포도의 찌꺼기를 원료로 만드는 것으로 이탈리아에서 제조하는 이것은?

① Aquavit

② Calvados

③ Grappa

④ Eau De Vie

---

그라파라고 하며 술 찌꺼기로 만든 브랜디이다.

정답 : ③

**47** 와인과 음식의 조화가 제대로 이루어지지 않은 것은?

① 식전 – Dry Sherry Wine
② 식후 – Port Wine
③ 생선 – Sweet Wine
④ 육류 – Red Wine

---

생선류는 White Wine과 어울린다.

정답 : ③

**48** 식사 중 주로 생선(Fish) 코스에 곁들여지는 술은?

① Cream Sherry
② Red Wine
③ Port Wine
④ White Wine

---

레드 와인은 육류, 화이트 와인은 생선류와 어울린다.

정답 : ④

**49** 다음 중 식욕촉진 와인으로 가장 적합한 것은?

① Dry Sherry Wine
② White Wine
③ Red Wine
④ Port Wine

---

식전주로는 드라이한 와인을 마신다.

정답 : ①

**50** 다음 중 Dry Sherry의 용도로 가장 적합한 것은

① Aperitif Wine
② Dessert Wine
③ Entree Wine
④ Table Wine

---

Dry Wine은 단맛이 없는 와인으로 식전주 와인(Aperitif Wine)으로 마신다.

정답 : ①

**51** Dessert Wine과 거리가 먼 것은?

① Port Wine
② Cream Sherry
③ Vermouth
④ Barsac

---

Vermouth는 쓴맛을 주는 식전주이다.

정답 : ③

**52** 프랑스인들이 고지방 식이를 하고도 심장병에 덜 걸리는 현상인 French Paradox의 원인 물질로 옳은 것은?

① Red Wine – Tannin, Chlorophyll
② Red Wine – Resveratrol, Polyphenols
③ White Wine – Vit. A, Vit. C
④ White Wine – Folic Acid, Niacin

레드 와인의 폴리페놀 성분은 심장병을 예방한다.

정답 : ②

**53** 다음 중 Decanter와 가장 밀접한 관계가 있는 것은?

① Red Wine
② White Wine
③ Champagne
④ Sherry Wine

디캔터(Decanter)란 와인이나 양주를 옮겨 담는 유리병을 말하며, 주로 침전물이 있는 레드 와인 제공 시 사용된다.

정답 : ①

**54** Red Wine Decanting에 사용되지 않는 것은?

① Wine Cradle
② Candle
③ Cloth Napkin
④ Snifter

스니퍼(Snifter)는 브랜디용 글라스이다. 디캔딩(Decanting)은 오랜시간 숙성된 레드와인이나 필터링을 거치지 않은 와인의 침전물을 분리하기 위해 와인 디캔터에 옮겨 담는 작업

정답 : ④

**55** 와인의 병에 침전물이 생겼을 때 침전물이 글라스에 같이 따라지는 것을 방지하기 위해 사용하는 도구는?

① 와인 바스켓
② 와인 디캔터
③ 와인 버켓
④ 코르크 스크류

정답 : ②

**56** 와인의 마개로 사용되는 코르크 마개의 특성으로 가장 거리가 먼 것은?

① 온도변화에 민감하다.

② 코르크 참나무의 외피로 만든다.

③ 신축성이 뛰어나다.

④ 밀폐성이 있다.

---

코르크 마개는 습도에 아주 민감하다. 습기가 너무 많으면 젖어서 와인이 흘러나오고, 습기가 너무 적으면 건조해져서 마개가 망가진다. 때문에 와인은 온도 변화가 없어야 한다.

정답 : ①

**57** 와인의 코르크가 건조해져서 와인이 산화되거나 스파클링 와인의 경우 기포가 빠져나가는 것을 막기 위한 방법은?

① 와인을 서늘한 곳에 보관한다.

② 와인의 보관위치를 자주 바꿔준다.

③ 와인을 눕혀서 보관한다.

④ 와인을 냉장고에 세워서 보관한다.

정답 : ③

**58** Sparkling Wine과 관련이 없는 것은?

① Champagne

② Sekt

③ Cremant

④ Armagnac

---

Armagnac은 코냑의 일종이다.

정답 : ④

**59** 샴페인에 관한 설명 중 틀린 것은?

① 샴페인은 포말성(Sparkling) 와인의 일종이다.

② 샴페인 원료는 피노 누아, 피노 뫼니에르, 샤르도네이다.

③ 동 페리뇽(Dom Perignon)에 의해 만들어졌다.

④ 샴페인 산지인 샹파뉴 지방은 이탈리아 북부에 위치하고 있다.

---

샹파뉴는 프랑스 북동부에 위치한 역사적인 지방으로 파리 분지의 동부 및 무스강 유역의 일부를 차지하는 포도주 산지이다.

정답 : ④

**60** 다음 중 발포성 포도주가 아닌 것은?

① Vin Mousseux  ② Vin Rouge
③ Sekt  ④ Spumante

---

발포성 와인은 탄산이 포함되어 기포가 올라오는 스파클링 와인이다. 스파클링 와인이라고 하면 언뜻 샴페인만을 떠올리기 쉽지만 샴페인은 스파클링 와인의 한 종류일 뿐 프랑스 지역 및 나라에 따라 스파클링 와인 명칭은 달라진다. 프랑스의 알자스나 랑그독 지방산 스파클링 와인은 크레망(Cremant), 프랑스 내 다른 지역에서 만들어진 스파클링 와인은 뱅 무쉐(Vin Mousseux), 이탈리아에서는 스푸만테(Spumante), 스페인에서는 카바(Cava), 독일에서는 '젝트(Sekt)라고 한다. 우리가 부르는 샴페인 명칭도 프랑스 상파뉴 지역에서 부르는 스파클링 와인이다. Vin Rouge는 프랑스 부르고뉴산 레드 와인이다.

정답 : ②

**61** 발포성 와인의 이름이 잘못 연결된 것은?

① 스페인 – 까바(Cava)
② 독일 – 젝트(Sekt)
③ 이탈리아 – 스푸만테(Spumante)
④ 포르투갈 – 고세(Gsset)

---

포르투갈에서는 발포성 와인을 에스푸만테(Espumante)로 부른다. 고세는 프랑스 상파뉴 지방산 와인이다.

정답 : ④

**62** 샴페인의 발명자는?

① Bodeaux  ② Champagne
③ St. Emilion  ④ Dom Perignon

---

샴페인의 발명자는 동 페리뇽(Dom Perignon)으로 그의 이름을 빌린 모엣&샹동(Moet&Chandon)이라는 스페셜 샴페인도 있다.

정답 : ④

**63** 일반적인 와인 보관 요령에 대한 설명 중 틀린 것은?

① 일정한 온도에서 보관한다.
② 와인 속의 찌꺼기가 떠오르는 것을 방지하기 위해 진동은 최소화한다.
③ 전등의 불빛이나 햇볕은 와인에 별 영향을 주지 않는다.
④ 습도는 70~80% 정도가 적당하다.

---

와인 보관 시 직사광선은 피해야 한다.

정답 : ③

**64** 와인의 보관에서 주의할 사항이 아닌 것은?

① 와인은 종류에 관계없이 묵힐수록 좋기 때문에 장기보관 후 판매한다.

② 한 번 개봉한 와인은 산소에 의해 변하므로 재보관하지 않도록 한다.

③ 와인은 눕혀서 보관해야 한다.

④ 코르크 마개가 건조해지지 않도록 한다.

---

와인에도 저장 유효기간이 있다.

정답 : ①

**65** 다음 중 백포도주의 보관온도로 가장 적합한 것은?

① 14~18℃

② 12~16℃

③ 8~10℃

④ 5~6℃

---

일반적으로 레드 와인은 실내온도(15~20℃)로 마시고, 화이트 와인은 8~10℃ 정도로 차갑게 마신다.

정답 : ③

**66** 와인의 보관법 중 틀린 것은?

① 진동이 없는 곳에 보관한다.

② 직사광선을 피하여 보관한다.

③ 와인을 눕혀서 보관한다.

④ 습기가 없는 곳에 보관한다.

---

습기가 너무 없으면 코르크 마개가 건조해져 와인이 손상될 수 있다.

정답 : ④

**67** 개봉한 뒤 다 마시지 못한 와인의 보관방법으로 옳지 않은 것은?

① Vacuum Pump로 병 속의 공기를 빼낸다.

② 코르크로 막아 즉시 냉장고에 넣는다.

③ 마개가 없는 디캔터에 넣어 상온에 둔다.

④ 병속에 불활성 기체를 넣어 산소의 침입을 막는다.

정답 : ③

**68** 'Wine Cellar'란 무엇인가?

① 와인 판매업자

② 와인을 재료로 한 칵테일

③ 와인 생산자

④ 와인 저장실

---

Wine Cellar란 와인 저장실을 말한다.

정답 : ④

**69** 다음 중 Wine Cellar의 의미로 옳은 것은?

① 포도주 소매업자
② 포도주 도매업자
③ 포도주 저장실
④ 포도주를 주재로 한 칵테일 명칭

정답 : ③

**70** 다음 중 빈(Bin)이 의미하는 것은?

① 프랑스산 적포도주
② 주류저장소에 술병을 넣어놓는 장소
③ 칵테일의 기본이 되는 주재료
④ 글라스를 세척하여 담아 놓는 기구

정답 : ②

**71** 와인의 서비스에 대한 설명으로 틀린 것은?

① 레드 와인은 온도가 너무 낮으면 Tannin의 떫은맛이 강해진다.
② 화이트 와인은 실온과 비슷해야 신맛이 억제된다.
③ 레드 와인은 실온에서 부케(Bouquet)가 풍부해진다.
④ 화이트 와인은 차갑게 해야 신선한 맛이 강조된다.

---

화이트 와인은 와인 쿨러를 사용하여 차갑게 마신다.

정답 : ②

**72** Wine Serving 방법으로 적절하지 않은 것은?

① Wine Serve가 끝날 때까지 고객 Glass에 항상 같은 양을 유지하는 것이 원칙이다.
② 향과 색깔을 위해 와인을 따른 후 한두 방울이 테이블에 떨어지도록 한다.
③ 서비스 적정온도를 유지하고, 상표를 고객에게 확인시킨다.
④ 와인을 따른 후 병 입구에 맺힌 와인이 흘러내리지 않도록 병목을 돌려서 자연스럽게 들어 올린다.

---

와인을 서비스할 때는 고객에게 병에 부착된 상표(Label)를 보여준 후 결정을 기다린다. 그 후 코르크를 뽑아낸 다음 고객에게 확인을 시켜주고 오픈된 와인을 Host(고객을 초청한 사람)에게 먼저 시음하게 한다. Host의 오케이를 받으면 고객에게 와인의 서빙을 시작한다. 순서는 시계방향으로 시작하는데 여자부터 서빙한 후 남자들에게 따르고 마지막으로 Host에게 따른다. 와인을 따를 때는 병을 살짝 돌리면서 병 입구를 위로 향하게 들어 올린다.

정답 : ②

**73** 포도주(Wine)를 서비스 하는 방법 중 옳지 않은 것은?

① 와인 병을 운반하거나 따를 때에는 병 내의 와인이 흔들리지 않도록 한다.

② 와인 병 오픈 후 첫 잔은 주문자 혹은 주인이 시음을 할 수 있도록 한다.

③ 보졸레 누보 와인은 디캔터를 사용하여 일정시간 숙성시킨 후 서비스 한다.

④ 와인은 손님의 오른쪽에서 따르며 마지막에 병을 돌려 흐르지 않도록 한다.

---

보졸레 누보 와인은 그 해 수확한 포도로 만드는 햇와인이기 때문에 찌꺼기가 적어 디캔터를 사용할 필요가 없다.

정답 : ③

**74** 스파클링 와인(Sparkling Wine) 서비스 방법으로 틀린 것은?

① 병을 천천히 돌리면서 천천히 코르크가 빠지게 한다.

② 반드시 '뻥' 하는 소리가 나게 신경 써서 개봉한다.

③ 상표가 보이게 하여 테이블에 놓여있는 글라스에 천천히 넘치지 않게 따른다.

④ 오랫동안 거품을 간직할 수 있는 플루트(Flute)형 잔에 따른다.

---

스파클링 와인 개봉 시 소리의 여부는 분위기에 따라 다르다.

정답 : ②

**75** 다음 중 White Wine을 차게 제공하는 주된 이유로 옳은 것은?

① 타닌의 맛이 강하게 느껴진다.　　② 차가울수록 색이 하얗다.

③ 유산은 차가울 때 맛이 좋다.　　④ 차가울 때 더 Fruity한 맛을 준다.

정답 : ④

**76** White Wine을 차게 마시는 이유로 옳은 것은?

① 유산은 온도가 낮으면 단맛이 더 강해지기 때문이다.

② 사과산은 온도가 차가울 때 더욱 Fruity하기 때문이다.

③ Tannin의 맛은 차가울수록 부드러워지기 때문이다.

④ Polyphenol은 차가울 때 인체에 더욱 이롭기 때문이다.

정답 : ②

**77** 와인의 빈티지(Vintage)가 의미하는 것은?

① 와인의 판매 유효 년도　　② 포도의 수확년도

③ 포도의 품종　　④ 와인의 도수

---

와인의 빈티지(Vintage)란 포도의 수확년도를 말한다.

정답 : ②

**78** 와인(Wine)의 빈티지(Vintage)에 대한 설명으로 옳은 것은?

① 포도의 수확년도를 가리키는 것으로 병의 라벨에 표기되어 있다.
② 와인 숙성시키는 기간을 의미하고 병의 라벨에 표기되어 있다.
③ 와인을 발효시키는 기간과 첨가물을 의미한다.
④ 와인의 향과 맛을 나타내는 것으로 병의 라벨에 표기되어 있다.

정답 : ①

**79** Wine Master의 의미로 가장 적합한 것은?

① 와인 제조 및 저장관리를 책임지는 사람
② 포도나무를 가꾸고 재배하는 사람
③ 와인을 판매 및 관리하는 사람
④ 와인을 구매하는 사람

Wine Master란 와인을 판매 및 관리하는 사람보다 와인 전체 관리를 책임지는 사람을 말한다.

정답 : ①

**80** 소믈리에(Sommelier)에게 필요한 자질과 거리가 먼 것은?

① 와인의 보관과 저장, 서비스에 대한 지식을 알고 있어야 한다.
② 고객의 취향을 파악할 수 있어야 한다.
③ 와인 서비스에 필요한 기물이나 장비를 사용할 수 있어야 한다.
④ 판매자나 경영자의 업무와는 별개로 고객 서비스를 최우선으로 한다.

소믈리에(Sommelier)란 와인에 관한 전반적인 일들을 맡아 관리하고 책임지는 사람을 말하며, 와인 캡틴(Wine Captain) 혹은 와인 웨이터(Wine Waiter)라고도 한다. 소믈리에는 단지 와인에 대한 지식을 가지고 있는 사람이 아닌, 고객 간의 연계를 담당하므로 자신의 감정을 조절하고, 서비스에 있어서 고객에게 최상의 즐거움을 줄 수 있어야 하는 것은 물론 언제나 단정한 자세로 업장에서의 업무를 담당할 수 있어야 한다.

정답 : ④

**81** 다음 중 소믈리에(Sommelier)의 역할로 틀린 것은?

① 손님의 취향과 음식과의 조화, 예산 등에 따라 와인을 추천한다.
② 주문한 와인은 여성에게 먼저 병의 상표를 보여주며 주문한 와인임을 확인시켜준다.
③ 시음 후 여성부터 차례로 와인을 따르고 마지막에 그 날의 호스트에게 와인을 따라준다.
④ 코르크 마개를 열고 호스트에게 코르크 마개를 보여주면서 코르크가 젖어있는지, 시큼하고 이상한 냄새가 나지는 않는지를 확인시켜준다.

와인 라벨은 파티에 초청한 호스트에게 먼저 보여준다.

정답 : ②

**82** 아로마(Aroma)에 대한 설명 중 틀린 것은?

① 와인의 첫 번째 냄새 또는 향기이며 포도 품종에 따라 향이 달라진다.

② 와인의 발효 및 숙성과정 중에 형성되는 복잡 다양한 향기를 말한다.

③ 원료 자체에서 우러나오는 향기이다.

④ 같은 포도 품종이라도 토양의 성분, 기후, 재배 조건에 따라 차이가 있다.

---

와인의 아로마는 1차향으로 포도 품종, 떼루아(포도산지), 빈티지 그리고 양조 방식에 따라 다르게 나타난다. 와인의 2차향은 부케라고 하는데 오크통에서 숙성된 향이 여기 포함된다.

정답 : ②

**83** '단맛'이라는 의미의 프랑스어는?

① Trocken

② Blanc

③ Cru

④ Doux

---

프랑스어로 Doux는 아주 달콤하다는 뜻이다.

정답 : ④

**84** 와인 테이스팅의 표현으로 가장 부적합한 것은?

① Moldy(몰디) – 곰팡이가 낀 과일이나 나무 냄새

② Raisiny(레이즈니) – 건포도나 과숙한 포도 냄새

③ Woody(우디) – 마른 풀이나 꽃 냄새

④ Corky(코르키) – 곰팡이 낀 코르크 냄새

---

Woody(우디)는 따뜻한 느낌의 나무 향을 의미한다.

정답 : ③

**85** 와인을 막고 있는 코르크가 곰팡이에 의해 오염되어 와인의 맛까지 변하는 것으로, 와인에서 종이 박스 향취, 곰팡이 냄새 등이 나는 현상은?

① 네고시앙(Negociant)

② 부쇼네(Bouchonne)

③ 귀부병(Noble Rot)

④ 부케(Bouquet)

---

– 네고시앙(Negociant) : 프랑스 부르고뉴 지역의 와인생산형태 중 하나

– 부쇼네(Bouchonne) : 불어로 '마개 냄새가 나는 포도주'로, 불량 코르크로 인해 변질된 와인

– 귀부병(Noble Rot) : 포도가 익을 무렵 포도껍질에 보트리티스 시네레아균에 의해 발생하는 곰팡이

– 부케(Bouguet) : 와인의 2차향으로 오크통에서 숙성되며 생기는 향

정답 : ②

보리를 싹틔워 만든 맥아로 즙을 만들어 여과한 후, 홉(Hop)를 첨가하고 효모로 발효시켜 만든 주류로, Beer의 어원은 라틴어로 '마시다'라는 뜻의 '비베레(Bibere)'와 '곡물'이라는 뜻의 '베오레 (Bior)'에서 유래되었다.

한국 주세법에서 맥주는 「엿기름(밀엿기름을 포함한다), 홉(홉 성분을 추출한 것을 포함한다) 및 쌀 · 보리 · 옥수수 · 수수 · 감자 · 녹말 · 당분 · 캐러멜 중 하나 또는 그 이상의 것과 물을 원료로 하여 발효시켜 제성하거나 여과하여 제성한 것」으로 정의하고 있다.

맥주는 인간이 만든 세계에서 가장 오래된 발효주로 알려져 있고, 가장 대중적인 알코올 음료 중 하나이기도 하다. 맥주는 알코올 성분이 적은 편이나 이산화탄소와 홉의 쓴맛 성분을 함유하고 있어 소화를 촉진하고 이뇨작용을 돕는 효능이 있다. 특히, 맥주의 거품은 탄산가스가 새어나가는 것을 막아주고 맥주의 산화를 억제한다. 맥주의 원료는 맥아, 홉, 효모, 물(양조용)이다.

※ 맥주의 조주과정 : 제분(Milling) → 담금(Mashing) → 맥즙여과(Lautering) → 끓임(Boiling) → 침전
(Whirlpooling) → 냉각(Cooling) → 발효(Fermenting) → 숙성(Maturing) → 여과(Filtering) → 제품(Packing)

나라와 지역에 따라 쌀 · 옥수수 · 녹말 · 당류 등을 녹말질 보충원료로 사용하며, 그 비율은 그 나라의 사정이나 기호에 따라 다르다.

양조법에 따라서는 드라이(Dry) 맥주, 디허스크(Dehusk) 맥주, 아이스(Ice) 맥주로 구분되고, 살균여부에 따라서는 생맥주와 일반맥주로 구분한다. 또한 알코올 함량에 따라서 알코올성 맥아음료, 무알코올성 맥아음료, 라이트 맥주 등으로 구분하기도 한다.

## (1) 맥주의 원료

### 1) 맥아(Barley)

대맥이라는 겉보리의 싹을 틔운 것으로 이 과정에서 맥아효소인 아밀라아제가 생성된다. 두 줄보리(2조맥)를 싹틔워 말리며, 전분과 단백질 등을 분해하는 효소를 가지고 있다. 좋은 대맥은 곡립이 고르고 전분질이 많고 단백질은 적으며 껍질이 얇고 발아력이 좋다.

### 2) 홉(Hop)

맥주 특유의 향과 쌉쌀한 맛을 내는 첨가물이며 맥아즙의 단백질을 침전시켜서 맥주를 맑게 하고 잡균의 번식을 방지하여 보존성을 높여주는 역할을 한다.

### 3) 효모(Yeast)

맥주 발효 시 맥아당을 알코올과 탄산가스로 만드는 역할을 한다.

## 4) 양조용 물(Water)

물은 맥주의 종류 및 품질을 좌우하는 요인이다. 색이 짙고 깊은 맛을 내는 스타우트(Stout)나 에일(Ale) 맥주 등을 만들 때는 경수를 사용하고, 깨끗하고 부드러운 라거(Lager) 맥주 등을 만들 때는 연수를 주로 사용한다.

## (2) 발효방식에 의한 분류

맥주 발효 방법은 발효 중 표면에 떠오르는 효모를 사용하며 비교적 고온에서 발효시키는 상면발효맥주와 발효 중 밑으로 가라앉는 효모를 사용하여 저온에서 발효시킨 하면발효맥주로 구분한다.

### 1) 상면발효맥주

맥아농도가 높고, 10℃~25℃ 사이의 상온에서 발효가 진행되며 색이 짙고 알코올 도수가 비교적 높은 편에 과일과 같은 향긋한 향미와 진하고 깊은 맛이 특징이다. 상면발효맥주 중에서 벨기에 브뤼셀에서 제조되는 람빅(Lambic)이 자연발효맥주로 유명하다. 상면발효맥주는 발효 중 탄산가스와 함께 발효액의 표면에 뜨는 성질이 있는 사카로마이세스 세레비지에(Saccharomyces Cerevisiae)라는 효모로 발효시킨 맥주를 말한다.

- 상면발효맥주의 종류 : 에일(Ale), 포터(Porter), 스타우트(Stout), 바이젠(Weizen) 등

### 2) 하면발효맥주

10℃ 정도의 저온에서 발효가 진행되며 비교적 장기적으로 숙성시켜 알코올 도수가 낮으며 부드러운 풍미와 깔끔한 청량감이 특징이다. 하면발효맥주는 발효 도중이나 발효가 끝났을 때 가라앉는 성질이 있는 사카로-마이세스 카를스베르겐시스(Saccharo-Myces Carlsbergensis)라는 효모로 발효시킨 맥주이다. 전세계 맥주의 70%를 차지하고 있다.

- 하면발효맥주의 종류 : 필스너(Pilsener), 도르트문트(Dortmund), 뮌헨(Munchen), 보크 (Bock), 라거(Lager) 등

※ 생맥주(Draft Beer)

멸균 처리를 거치지 않아 효모가 살아있는 맥주이지만 보존기간이 짧은 것이 단점이다. 이에 비해 장기보관을 위하여 60℃에서 저온살균을 거쳐 효모의 발효가 더 이상 진행되지 못하도록 한 것이 병맥주와 캔맥주이다.

**86** 음료류와 주류에 대한 설명으로 틀린 것은?

① 맥주에서 메탄올이 검출되어서는 절대 안 된다.

② 탄산음료는 탄산가스압이 0.5kg/㎠인 것을 말한다.

③ 탁주는 전분질원료와 국을 주원료로 하여 술덧을 혼탁하게 제성한 것을 말한다.

④ 과일 · 채소류 음료에는 보존료로 안식향산을 사용할 수 있다.

에탄올은 우리가 먹어서 취하는 술에 있는 알코올이고, 메탄올은 체내에 흡수되면 인체에 치명적인 알코올이다. 맥주에는 소량의 메탄올이 남아 있으나 인체에 유해하지는 않은 정도이다.

정답 : ①

**87** 생맥주를 중심으로 각종 식음료를 저렴하게 판매하는 영국식 선술집은?

① Saloon      ② Pub

③ Lounge Bar      ④ Banquet

영국식 선술집은 Pub이라 한다.

정답 : ②

**88** Draft(Draught) Beer란 무엇인가?

① 미살균 생맥주      ② 살균 생맥주

③ 살균 병맥주      ④ 장기저장이 가능한 맥주

정답 : ①

**89** 생맥주(Draft Beer) 취급요령 중 틀린 것은?

① 2~3℃의 온도를 유지할 수 있는 저장시설을 갖추어야 한다.

② 술통 속의 압력은 12~14Pound로 일정하게 유지해야 한다.

③ 신선도를 유지하기 위해 입고순서와 관계없이 좋은 상태의 것을 먼저 사용한다.

④ 글라스에 서비스할 때 3~4℃ 정도의 온도가 유지되어야 한다.

맥주는 FIFO(선입선출)을 따른다.

정답 : ③

**90** 상면발효맥주로 옳은 것은?

① Bock Beer      ② Budweiser Beer

③ Porter Beer      ④ Asahi Beer

Porter Beer는 상면발효맥주이고, Bock Beer, Budweiser Beer, Asahi Beer는 하면발효맥주이다.

| Bock Beer | Budweiser Beer | Porter Beer | Asahi Beer |
|---|---|---|---|
| | | | |
| Lager Beer | Porter Beer | Pilsner Beer | Dortmunder Beer |
| | | | |

정답 : ③

**91**  **다음 중 상면발효맥주에 해당하는 것은?**

① Lager Beer                          ② Porter Beer
③ Pilsner Beer                        ④ Dortmunder Beer

영국의 에일 맥주는 한국어로 상면발효맥주이다. 맥주가 담겨 나올 용기 속에서 2차적인 발효에 의해 숙성된 후 별도의 이산화탄소를 투입하지 않은 상태로 맛을 보는 맥주로 Cask Conditioned 맥주, Naturally Conditioned 맥주라 부른다. 상면발효맥주에는 Bitter Beer, Mild Beer, Porter Beer, Stout Beer가 있다.

정답 : ②

**92**  **다음 중 상면발효맥주가 아닌 것은?**

① 에일                                  ② 보크
③ 스타우트                              ④ 포터

보크(Bock)맥주는 독일산의 라거 맥주로, 하면발효맥주에 해당한다.

정답 : ②

**93**  **에일(Ale)은 어느 종류에 속하는가?**

① 와인(Wine)                           ② 럼(Rum)
③ 리큐르(Liqueur)                      ④ 맥주(Beer)

Ale Beer는 영국의 맥주로서, 상면발효맥주에 해당되는 일반맥주보다 홉(Hop)이 더 많다.

정답 : ④

**94** 다음 중 흑맥주가 아닌 것은?

① 스타우드 비어(Stout Beer)

② 뮌헨 비어(Munchener Beer)

③ 도르트문트 비어(Dortmund Beer)

④ 포터 비어(Porter Beer)

---

Dortmund Beer는 산뜻하며 쓴맛이 적은 담색 맥주로 알코올 함량은 3~4%이다.

정답 : ③

**95** 다음 중 Bock Beer에 대한 설명으로 옳은 것은?

① 알코올 도수가 높은 흑맥주

② 알코올 도수가 낮은 담색맥주

③ 이탈리아산 고급 흑맥주

④ 제조 12시간 내의 생맥주

---

보크 비어(Bock Beer)는 알코올 도수가 높은 독일산 흑맥주이다.

정답 : ①

**96** Heineken은 어느 나라 맥주인가?

① 스웨덴

② 네덜란드

③ 벨기에

④ 덴마크

---

Heineken은 네덜란드의 맥주로 1864년에 Gerard Adriaan Heineken이 만들었다.

정답 : ②

**97** 맥주의 보관 · 유통 시 주의할 사항으로 틀린 것은?

① 심한 진동을 가하지 않는다.

② 너무 차게 하지 않는다.

③ 햇볕에 노출시키지 않는다.

④ 장기보관 시 맥주가 공기에 접촉하게 한다.

---

맥주가 공기와 접촉하면 변질이 쉽다.

정답 : ④

**98** 다음 중 맥주의 관리방법으로 잘못된 것은?

① 맥주는 5~10℃의 냉장온도에서 보관해야 한다.
② 장시간 보관 · 숙성시켜서 먹는 것이 좋다.
③ 병을 굴리거나 뒤집지 않는다.
④ 직사광선을 피해 그늘지고 어두운 곳에 보관해야 한다.

숙성시켜 마시는 술은 와인이다.

정답 : ②

**99** 다음 중 유효기간이 있는 주류로 옳은 것은?

① Rum                          ② Liqueur
③ Guiness Beer              ④ Brandy

맥주는 유효기간이 1년이다.

정답 : ③

**100** 맥주의 제조과정 중 1차 발효 후 숙성 시의 적정한 보관 온도는?

① 4℃                           ② 8℃
③ 12℃                          ④ 20℃

정답 : ③

**101** 위생적인 맥주(Beer) 취급 절차로 가장 거리가 먼 것은?

① 맥주를 따를 때는 넘치지 않게 글라스에 7부 정도 채우고 나머지 3부 정도를 거품이 솟아오르도록 한다.
② 맥주를 따를 때는 맥주병이 글라스에 닿지 않도록 1~2cm 정도 띄어서 따르도록 한다.
③ 글라스에 채우고 남은 병은 상표가 고객 앞으로 향하도록 맥주 글라스 위쪽에 놓는다.
④ 맥주와 맥주 글라스는 반드시 차갑게 보관하지 않아도 무방하다.

정답 : ④

**102** 맥주용 보리의 조건이 아닌 것은?

① 껍질이 얇아야 한다.
② 담황색을 띄고 윤택이 있어야 한다.
③ 전분 함유량이 적어야 한다.
④ 수분 함유량 13% 이하로 잘 건조되어야 한다.

대맥(맥주용 보리)의 조건은 껍질이 얇고 담황색이며 좋은 발화율과 수분 함유량 10% 내외의 잘 건조된 것으로, 전분 함유량이 많고 단백질은 적어야 한다.

정답 : ③

**103** 좋은 맥주용 보리의 조건으로 알맞은 것은?

① 껍질이 두껍고 윤택이 있는 것

② 알맹이가 고르고 발아가 잘 안 되는 것

③ 수분 함유량이 높은 것

④ 전분 함유량이 많은 것

맥주용 보리는 대체로 두줄보리가 쓰이나 여섯줄보리로 양조하기도 한다. 두줄보리는 알맹이가 크고 고르며 곡피가 얇아 맥주양조에 적당하다. 맥주용 보리의 품질은 낟알의 크기와 전분함량에 의해 결정된다. 낟알은 대립(大粒)일수록 좋으며, 1번맥(크기 2.5mm 이상)이 90% 이상 들어있는 것이 맥주용 보리로 적합하다. 녹말 함량은 높을수록 좋고 단백질은 가급적 낮아야 하는데, 그 한도는 10% 정도이며 단백질 함량이 높으면 맥주의 품질이 떨어진다.

정답 : ④

**104** 일반적인 병맥주(Larger Beer)를 만드는 방법은?

① 고온발효

② 상온발효

③ 하면발효

④ 상면발효

맥주제조용 효모는 발효 형식에 따라서 상면발효효모와 하면발효효모로 구분된다. 상면발효란 발효 중에 발생하는 이산화탄소의 거품과 액면상에 뜨고 일정 기간이 경과하지 않으면 가라앉지 않는 효모(상면발효효모)에 의해 실온에서 발효되는 것을 말한다. 하면발효란 저온에서 효모가 가라앉아 발효되는 것을 말한다. 상면발효 맥주는 다른 말로 에일(Ale), 하면발효맥주는 라거(Lager)라고 한다.

정답 : ③

**105** 저온 살균되어 저장 가능한 맥주는?

① Draught Beer

② Unpasteurized Beer

③ Draft Beer

④ Lager Beer

저온 살균은 보통 62℃에서 30분간 유지시키는 방법과 72℃에서 15초를 유지했다가 재빨리 냉각시켜 보관하는 방법이 있다. 저온 살균법으로는 멸균을 할 수는 없지만 치명적인 병원성 미생물을 제거하는 것은 물론이고 식품을 부패시키는 비병원성 미생물의 수를 줄여서 부패 속도를 늦출 수가 있어 저장이 가능하다. 우유, 와인, 맥주 등에 적용하고 있다.

정답 : ④

**106** 맥주의 원료 중 홉(Hop)의 역할이 아닌 것은?

① 맥주 특유의 상큼한 쓴맛과 향을 낸다.

② 알코올의 농도를 증가시킨다.

③ 맥아즙의 단백질을 제거한다.

④ 잡균을 제거하여 보존성을 증가시킨다.

홉과 알코올은 관계가 없다.

정답 : ②

# 증류주(Distilled Liquor)

## 1 증류주의 개념 및 분류

증류주는 양조주보다 순도 높은 주정을 얻기 위해 1차 발효된 양조주를 다시 증류시켜 알코올 도수를 높인 술이다. 증류는 알코올과 물의 끓는점 차이를 이용하여 고농도 알코올을 얻어내는 과정으로 양조주를 서서히 가열하면 끓는점이 낮은 알코올이 먼저 증발하는데, 이 증발하는 기체를 모아서 냉각시키면 다시 고농도의 알코올 액체를 얻어낼 수 있다. 위스키(Whisky), 브랜디(Brandy), 진(Gin), 럼(Rum), 보드카(Vodka), 데킬라(Tequila), 아쿠아비트(Aquavit) 등이 있다. 구체적인 증류 원리는 물은 100℃에서 끓고 에탄올은 78.3℃에서 끓기 때문에 두 용액이 혼합된 상태에서 끓이면 에탄올이 먼저 끓는 점을 이용해 에탄올을 액체 – 기체 – 액체 순으로 만드는 과정이다.

알코올을 추출하는 증류기는 단식 증류기(Pot Still)와 연속식 증류기(Patent Still)가 있는데 모두 높은 도수의 알코올 증류주를 만드는 것이 목적이다.

– 단식 증류기 : 발효된 술을 증류기에서 한번 증류시키는 원리

– 연속 증류기 : 아일랜드에서 만들었고, 발효된 술이 설치된 여러 개의 각 단(Plates)에 흘러내리면서 응축과 수축을 반복해 여러 번 증류된 효과가 나타나는 원리

※ 스피릿(Spirit)

위스키 · 브랜디 · 진 · 보드카 · 럼 등이 전부 이 스피릿의 범주에 속한다. 그러나 위스키와 브랜디는 술의 분류상 그 양이나 질을 고려하여 따로 분류하고, 일반적으로는 위스키와 브랜디를 제외한 진 · 보드카 · 럼 등을 말한다.

## (1) 위스키

나무로 만든 통에서 숙성시키는 위스키는 산지별로 스카치 위스키, 아이리쉬 위스키, 캐나디언 위스키, 미국 위스키, 일본 위스키 등이 있고, 혼합의 유형으로 분류가 가능하다. 스트레이트 위스키는 다른 것을 섞지 않거나 같은 연대에 같은 증류기에서 증류시킨 위스키만을 섞은 것이다. 블렌디드 위스키는 다른 연대에 다른 증류기에서 증류시킨 비슷한 제품들을 혼합한 것이거나, 미국이나 캐나다 위스키처럼 중성 위스키와 스트레이트 위스키 등을 혼합한 것이다. 스카치 위스키는 다소 농도가 옅고 독특한 맥아 훈향이 나며 아이리쉬 위스키는 스카치 위스키와 맛은 비슷하지만 훈향이 나지 않는다. 캐나디안 위스키는 농도와 향미가 옅고, 강한 향미의 위스키나 중성 그레인 위스키와 혼합한다. 미국 위스키는 맥아와 기타 곡물을 섞어서 만든 발효액으로 알코올 함량 80%의 위스키를 만든다.

### 1) 스카치 위스키 (Scotch Whisky)

| Glenfiddich | Cutty Sark | Ballantine |
|---|---|---|

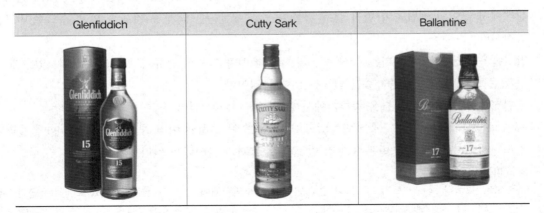

스코틀랜드에서 생산되는 위스키로 이탄(Peat) 연기를 사용해 보리를 건조시켜 조주하기 때문에 특유의 향이 있다. 위스키에 사용하는 원료에 따라 몰트 위스키, 그레인 위스키, 블렌디드 위스키로 분류한다.

① **몰트 위스키(Malt Whisky)**

단식 증류기(Pot Still)로 보리(맥아)만을 이용해 증류한 위스키이며, 싱글 몰트 위스키(Single Malt Whisky)는 한 증류소에서 나온 원액으로 만든 몰트 위스키를 말한다.

※ Glenfiddich(글렌피딕), Glenfarclas(글렌파클라스), Macallan(맥캘란), Laphroaig(라프로익), Highland Park(하이랜드 파크)

② **그레인 위스키(Grain Whisky)**

연속 증류기(Patent Still)를 사용하여 옥수수(Corn)나 호밀(Rye)과 같은 곡물로 만든 위스키이다.

③ 블렌디드 위스키(Blended Whisky)

우리가 마시는 대부분이 블렌디드 위스키에 속하며, 몰트 위스키와 그레인 위스키를 혼합한 위스키를 칭한다.

※ Ballantine(밸런타인), Chivas Regal(시바스 리갈), Cutty Sark(커티 샥), Hiag(헤이그), J&B(제이앤비), Jonhnie Walker(조니 워커), Old Parr(올드파), White Horse(화이트 홀스), VAT 69(바트 69), Royal Salute(로얄 살루트)

## 2) 아이리쉬 위스키 (Irish Whiskey)

아일랜드에서 생산되는 위스키이며 아일랜드는 위스키의 원조 국가이다. 위스키 영문표기도 Whisky가 아닌 Whiskey이다. 대형의 단식 증류기를 이용하여 세 번 증류한다.

※ Jameson(제임슨), Bushmills(부시밀즈), Midleton(미들톤)

| Jameson(제임슨) | Bushmills(부시밀즈) | Midleton(미들톤) |
|---|---|---|
|  | | |

## 3) 아메리칸 위스키(American Whisky)

미국 위스키는 옥수수와 호밀로 조주하는데 이때 사용하는 원료별로 분류가 가능하다.

① 버번 위스키 (Bourbon Whisky)

옥수수를 51% 이상이며, 연속 증류기를 사용하면서 새 오크통을 사용한다.

※ Jim Beam(짐 빔), Old Forester(올드 포레스터), Evan Williams(에반 윌리엄즈), I.W. Harper(I.W. 하퍼), Wild Turkey(와일드 터키)

② 콘 위스키 (Corn Whisky)

옥수수를 80% 이상 사용하고 헌 오크통을 사용하면서 연속 증류기를 사용한다.

| Bourbon Whiskey | Corn Whiskey |
| --- | --- |
| | |

③ 테네시 위스키 (Tennesse Whisky)

Bourbon Whisky를 단풍나무 활성탄으로 여과하여 만든다.

※ Jack Daniel's (잭 다니엘)

④ 라이 위스키 (Rye Whisky)

호밀을 51% 이상 함유한 위스키이다.

※ 스트레이트 위스키(Straight Whisky)

옥수수, 호밀, 밀, 대맥 등의 원료를 사용하여 만든 주정을, 다른 곡주나 위스키를 혼합하지 않고 그을린 참나무통에 2년 이상 숙성시킨 것이다.

## 4) 캐나디언 위스키 (Canadian Whisky)

세계 5대 위스키 중 가장 순하고 부드러운 위스키이다.

※ Crown Royal(크라운 로열), Canadian Club(캐나디언 클럽), Lord Calvert(로드 칼버트), Black Velvet(블랙 벨벳)

## 5) 위스키 베이스 칵테일

위스키를 기본주(Base)로 만든 대표적인 칵테일 명칭이다.

※ Rob Roy(로브 로이), Rusty Nail(러스티 네일), 스카치 킬트, 스카치 소다, 잭 콕(Jack Cock), God Father(갓 파더), New York(뉴욕), Manhattan(맨하탄), 브루클린, Irish Coffee(아이리쉬 커피), 홀인원, Old Fashioned(올드 패션드)

## (2) 브랜디

브랜디라는 명칭은 브랜디와인(Brandywine)의 줄임말이다. 브랜디와인은 네덜란드어의 '불에 태운 포도주(Burnt Wine)'를 뜻하는 '브란데베인(Brandewijn)에서 유래한 것으로, '소주 (燒酒)'라는 의미이다. 브랜디는 넓게는 과실에서 양조 · 증류된 술이지만 일반적으로는 포도주를 증류한 술을 가리킨다.

다른 과일로 증류한 술은 칼바도스와 같은 '애플 브랜디(Apple Brandy)'처럼 그 과일의 이름을 앞에 붙인다. 키르시(Kirsch), 체리 브랜디(Cherry Brandy), 플럼 브랜디(Plum Brandy) 등으로 부르는 술은 버찌, 플럼으로 맛을 들인 리큐어(Liqueur)로, 양조주인 와인을 이용하여 증류한 술을 말하는 브랜디와는 종류가 다른 술이다.

프랑스에서는 Eau-De-Vie(오드비), 이탈리아에서는 Grappa(그라파)라고 부른다.

| Cherry Brandy | Peach Brandy | Hennessy Brandy | Apricot Brandy |
|---|---|---|---|

## 1) 브랜디의 등급

브랜디는 다른 종류의 증류주와는 다르게 숙성기간에 따라 표기를 하는데, 1865년 헤네시 (Hennessy)사에서 처음 발표하였으며 다음과 같은 기준으로 부여한다.

| 등 급 | 숙성 기간 | 등 급 | 숙성 기간 |
|---|---|---|---|
| ☆ | 3~4년 | VO : Very Old | 11~15년 |
| ☆☆ | 5~6년 | VSO : Very Superior Old | 16~20년 |
| ☆☆☆ | 7~10년 | VSOP : Very Superior Old Pale | 21~30년 |
| | | XO : Extra Old. VSOP를 초월함 | 45년 내외 |
| | | EXTRA | 보통 70년 이상 |

## 2) 브랜디의 종류

### ① 코냑(Cognac)

프랑스 코냑 지역에서 생산되는 브랜디를 말하며, 가장 고급 코냑이 생산되는 지역은 6개의 생산 지역 가운데 그랑드 상파뉴(Grand Champagne)이다.

### ② 아르마냑(Armagnac)

프랑스 아르마냑 지역에서 생산되는 연속 증류기로 증류한 브랜디를 말한다.

※ 프랑스의 보르도, 코냑, 아르마냑 지방 등은 대서양 기후의 영향을 받는다.

### ③ 칼바도스(Calvados)

대부분의 브랜디는 포도를 원료로 만들지만 칼바도스는 사과를 원료로 만든 프랑스 노르망디 지방의 브랜디이다.

### ④ 일반 프렌치 브랜디

통상적으로 알려진 브랜디의 제조방법으로 만들어진 브랜디이며 코냑, 아르마냑, 칼바도스와 같은 검증된 브랜디 이외의 브랜디를 총칭한다.

## 3) 브랜디 브랜드

Hennessy(헤네시), Remy Martin(레미 마틴), Camus(까뮈), Courvoisier(쿠브와지에), Martell(마르텔)

| Hennessy | Remy Martin | Camus |
|---|---|---|
| | | |

## 4) 브랜디 베이스 칵테일

브랜디를 기본주(Base)로 만든 대표적인 칵테일 명칭이다.

※ Side Car(사이드카), Stinger(스팅어), Brandy Alexander(브랜디 알렉산더), B&B(비앤비), Pousse Cafe(푸스카페), HoneyMoon(허니문), Apricot(애프리콧)

## (3) 진

네덜란드의 실비우스 교수가 의약용(소독제 및 해열제)으로 처음 제조했으며, 이렇듯 창시자가 알려진 유일한 주류이다. 곡물을 이용해서 발효 · 증류시킨 90% 이상의 주정에 주니퍼 베리(두송자)를 비롯한 다양한 허브와 향신료를 넣고 재증류시켜 만든 무색의 증류주이다. 숙성 과정이 없어 맛이 가볍고 다른 주류와도 잘 어울려 다양한 칵테일의 베이스가 되는 술이다.

### 1) 진의 분류

① 홀랜드 진(Holland Gin)

네덜란드식 진으로 약간의 당분이 있으며 원료인 곡물이나 과일의 향이 남아 방향성이 있다. 쥬네바(Genever)라고도 부르며 단식 증류기를 사용한다.

② 드라이 진(Dry Gin)

영국식 진으로 단맛이 전혀 없고 연속식 증류기를 사용하는데 런던 진이라고도 하며 주로 칵테일 베이스로 사용된다.

③ 슬로 진(Slow Gin)

슬로 진은 Gin에 자두 성분을 주향료로 한 리큐러이다.

### 2) 진 브랜드

Tanquerray(탱커레이), Beefeater(비피터), Gordon's Dry Gin(고든스), 플리머스, Bombay Sapphier(봄베이 사파이어), 몽키 47, 시타델

| Tanquerray | Beefeater | Gordon's Dry Gin | Bombay Sapphier |
| --- | --- | --- | --- |

### 3) 진 베이스 칵테일

진을 기본주(Base)로 만든 대표적인 칵테일 명칭이다.

※ Martini(마티니), Gimlet(김렛), Negroni(네그로니), Salty Dog(솔티 독), Singapore Sling(싱가폴 슬링), Aviation(애비에이션), Gin&Tonic(진 토닉), Gin Fizz(진 피즈), Gin Rikey(진 리키), Parisien(파리지앵), Pink Lady(핑크 레이디), White Lady(화이트 레이디), Tom Collins(톰 콜린스)

## (4) 보드카

14세기에 러시아에서 제조되기 시작한 보드카는 그 어원이 러시아어인 'Voda'(물)에 있다. 보드카는 주로 러시아, 폴란드, 발칸 반도 국가들에서 유행했고 제2차 세계대전 직후 미국에서 소비가 급격히 증가한 뒤 유럽에 널리 퍼지게 되었다. 무색, 무미, 무취라는 3가지 큰 특징을 지니고 있어서 칵테일의 원료로 사용된다. 숙성·저장하지 않으며, 술을 자작나무 활성탄으로 여과하는 러시아와 스웨덴을 대표하는 술이지만 특별히 생산지가 제한되어 있지는 않다. 제조 시 곡물 이외에 감자, 옥수수가 원료로 쓰이기도 한다. 최근에는 Flaver Vodka라고 해서 맛과 향을 가미한 종류가 많이 생산되고 있는 추세다.

### 1) 보드카 브랜드

Stolichnaya(스톨리치나야), Absolut Vodka(앱솔루트 보드카), Smirnoff(스미노프), Grey Goose(그레이 구스), Reyka(레이카), Danzka(단즈카), 스피리터스(Spirytus), Finlandia(핀란디아) 등

| Smirnoff | Samovar | Monarch | Finlandia |
| --- | --- | --- | --- |
| | | | |

### 2) 보드카 베이스 칵테일

보드카를 기본주(Base)로 만든 대표적인 칵테일 명칭이다.

※ Cosmopolitan(코스모폴리탄), Kiss of Fire(키스 오브 파이어), Sex On The Beach(섹스 온 더 비치), Harvey Wallbanger(하비 월뱅어), Bloody Mary(블러디 메리), Sea Breeze(씨 브리즈), Screwdriver(스크류드라이버), Moscow Mule(모스코 뮬), Black/White Russian(블랙/화이트 러시안), Vodka Martini(보드카 마티니)

## (5) 럼(Rum)

럼은 사탕수수의 부산물인 당밀이나 사탕수수즙을 발효한 후 증류시켜 만드는 투명한 증류주이며 일반적으로 오크통에서 숙성된다. 스페인, 호주, 뉴질랜드, 멕시코, 필리핀, 아프리카 등 여러 나라에서 생산되지만 뱃사람의 술이라고도 부를 정도로 선원들이 즐겨 마시는 술이다. 주요 산지는 카리브해 연안과 라틴 아메리카이다.

## 1) 럼의 분류

① 헤비 럼(Heavy Rum)

자연발효로 만들어지며 다량의 에스테르를 함유하고 있어 색이 짙고 향이 강하다. 단식 증류기(Port Still)로 증류하며 숙성기간은 최소 3년이다.

② 미디엄 럼(Midium Rum)

감미가 강하지 않고 연한 갈색으로 주요 생산지로는 남미의 Guinea(기니아), Martinque (말티니크)가 유명하다.

③ 라이트 럼(Light Rum)

순수하게 배양한 효모로 발효시키고 연속식 증류기(Patent Still)로 증류한다. 색이 엷고 향미가 부드럽다.

※ 럼은 색에 따라 White Rum(화이트 럼), Gold Rum(골드 럼), Dark Rum(다크 럼)으로 구분하기도 한다.

## 2) 럼 브랜드

※ 마이어스 럼(Myers's Rum), 론리코 럼(Ronrico Rum) 바카디 럼(Bacardi Rum), 하바나 클럽(Havana Club), 애플톤(Appleton), 올드 자메이카(Old Jamaica), 레몬 하트(Lemon Hart), 발바도스(Barbados), 캡틴 모건 (Captain Morgan), 네그리타(Negrita), 말티니크(Martinique)

| Bacardi Rum | Myers's Rum | Havana Club | Appleton |
| --- | --- | --- | --- |
| | | | |

## 3) 럼 베이스 칵테일

럼을 기본주(Base)로 만든 대표적인 칵테일 명칭이다.

※ Grog(그로그), Daiquiri(다이키리), Mai-Tai(마이타이), Mojito(모히토), Blue Hawaiian(블루 하와이언), Cuba Libre(쿠바 리브레), Pina Colada(피나 콜라다), Bacardi(바카디)

## (6) 데킬라(Tequila)

멕시코가 원산지이며, 할리스코(Jalisco)에 위치한 테킬라라는 지역의 이름에서 유래한 명칭 이다. 테킬라 지역에서 재배하는 청색 용설란(Agave Tequileana)을 발효시킨 풀케(Pulque)

를 증류시켜 만든 증류주이다. 파인애플과 비슷한 용설란은 성숙되면서 아쿠아 미엘이라는
단맛의 수액이 차는데 이 즙을 발효시키고 두 번 증류하면 필요한 순도의 술을 얻을 수 있다.

※ 메스칼(Mezcal)
  용설란(Agave)으로 만든 멕시코 증류주를 총칭하는 말로 Tequila는 Mezcal의 한 종류이다. 멕시코 정부에
  서는 할리스코와 과나후아토 주에서 만들어지는 메스칼에만 '데킬라'라는 이름을 붙이도록 법으로 규제하
  고 있다.

| Agave (용설란) | 풀케 | 데킬라 |
|---|---|---|

## 1) 데킬라의 등급

### ① 데킬라 블랑코(Tequila Blanco)

무색투명하며 숙성 과정을 거치지 않고 법적으로 증류 후 6일 안에 출시해야 한다. '실버
데킬라'라고도 부르며 칵테일 베이스로 주로 사용한다.

※ 골드 데킬라(Gold Tequila)
데킬라 블랑코에 식용색소를 첨가하여 색과 맛을 낸 데킬라로, 숙성을 거치지 않으며 공식적으로 정해진
데킬라 등급은 아니다.

### ② 데킬라 레포사도(Tequila Reposado)

황금빛이 나며 숙성기간은 2개월 이상 1년 미만이다. 스트레이트로 마시며 칵테일 베이스
로 사용한다.

### ③ 데킬라 아녜호(Tequila Añejo)

짙은 황금빛이며 1년 이상의 숙성기간을 가진다. 데킬라는 숙성될수록 색과 향이 짙어지
는데, 3년 이상 숙성된 데킬라는 데킬라 엑스트라 아녜호(Tequila Extra Añejo)라 한다.

## 2) 데킬라 브랜드

※ Jose Cuervo(호세 쿠엘보), Don Julio(돈 훌리오), Pepe Lopez(페페 로페즈), Sauza(사우자), Herradura(에
  라두라), Monte Alban(몬테 알반), Patron(패트론)

| Jose Cuervo | Don Julio | Pepe Lopez | Sauza |
|---|---|---|---|
| 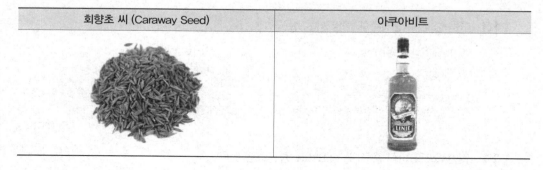 | | | |

### 3) 데킬라 베이스 칵테일

데킬라를 기본주(Base)로 만든 대표적인 칵테일 명칭이다.

※ 데킬라 선라이즈, 마타도르, 마가리타, 모킹버드, 스트로우 햇, 슬로 데킬라, 데킬라 토닉

## (7) 아쿠아비트

스칸디나비아 반도 일대에서 생산되는 향을 가지고 있는 전통 증류주로, 40%의 알코올을 함유하고 있다. 아쿠아비트라는 이름은 라틴어로 '생명의 물'을 의미하는 'Aqua Vitae'에서 왔다.

| 회향초 씨 (Caraway Seed) | 아쿠아비트 |
|---|---|
| | |

**107** 다음 중 증류주가 아닌 것은?

① Whisky
② Eau-De-Vie
③ Aguavit
④ Grand Marnier

---

Grand Marnier는 큐라소 계열의 리큐르로서 코냑과 오렌지 껍질을 가미하여 만든 혼성주이다.

정답 : ④

**108** 다음 중 증류주가 아닌 것은?

① 풀케
② 진
③ 데킬라
④ 아쿠아비트

---

풀케는 데킬라 증류주를 만들기 전의 단계로, 알코올 도수가 낮은 발효주이다.

정답 : ①

**109** 다음 중 증류주(Distilled Liquor)에 포함되지 않는 것은?

① 위스키(Whisky)
② 맥주(Beer)
③ 브랜디(Brandy)
④ 럼(Rum)

---

맥주(Beer)는 양조주이다.

정답 : ②

**110** 다음 중 연속 증류주에 해당하는 것은?

① Pot Still Whisky
② Malt Whisky
③ Cognac
④ Patent Still Whisky

---

Pot Still Whisky는 단식 증류 위스키, Patent Still Whisky는 연속 증류 위스키이다.

정답 : ④

**111** 일반적으로 단식 증류기(Pot Still)로 증류하는 것은?

① Kentucky Straight Bourbon Whisky
② Grain Whisky
③ Dark Rum
④ Aquavit

---

증류기의 증류는 크게 단식 증류와 연속 증류로 나누며 주정 외 대부분의 증류주는 단식 증류를 한다. 단식 증류기는 가열방식, 크기, 모양, 재질에 따라 여러 종류로 나뉘나 재질은 구리 또는 스테인리스 스틸을 주로 사용한다.

정답 : ③

**112** 다음 중 Whisky의 유래가 된 어원으로 옳은 것은?

① Usque Baugh ② Aqua Vitae
③ Eau-De-Vie ④ Voda

---

위스키의 어원은 우식 베하(Uisge-Beatha) → 우스키 바하(Usque Baugh) → 위스키보(Whiskybae) → 위스키 (Whisky)로 유래되었다. Aqua Vitae란 생명의 물이란 뜻을 가진 Usque Baugh를 라틴어로 읽은 것으로, 연금술 분야에서 더 많이 쓰인다.

정답 : ①

**113** 다음 중 Whisky의 재료가 아닌 것은?

① 맥아 ② 보리
③ 호밀 ④ 감자

---

보드카 또는 스칸디나비아의 증류주 아쿠아비트의 주원료는 감자이다.

정답 : ④

**114** 다음 중 위스키의 원료가 아닌 것은?

① Grape ② Barley
③ Wheat ④ Oat

---

포도(Grape)는 브랜디의 주원료이다. Oat는 귀리, Wheat은 밀, Barley는 보리를 뜻한다.

정답 : ①

**115** 원료와 주류의 연결이 잘못된 것은?

① Grain – Canadian Whisky
② Malt – Scotch Whisky
③ Corn – Canadian Whisky
④ Rye – Canadian Whisky

---

옥수수는 버번 위스키인 아메리칸 위스키의 원료이다.

정답 : ③

**116** 위스키(Whisky)를 그대로 마시기 위해 만들어진 스트레이트 글라스(Straight Glass)의 용량은?

① 1~2oz ② 4~5oz
③ 6~7oz ④ 8~9oz

---

Single은 1oz, Double은 2oz이다.

정답 : ①

**117** 고객이 위스키 스트레이트를 주문하고 얼음과 함께 콜라나 소다수, 물 등을 원하는 경우에 이를 제공하는 글라스는?

① Wine Cooler

② Cocktail Decanter

③ Collins Glass

④ Cocktail Glass

정답 : ②

**118** Whisky의 주문 · 서빙 방법으로 적합하지 않은 것은?

① 상표선택은 관리인이나 지배인의 추천에 의해 인기 있는 상표를 선택한다.

② 상표가 다른 위스키를 섞어서 사용하는 것은 금한다.

③ 고객의 기호와 회사의 이익을 고려하여 위스키를 선택한다.

④ 특정한 상표를 지정하여 주문한 위스키가 없을 때는 유사한 위스키로 대체한다.

정답 : ①

**119** 스카치 위스키 1병(약 750ml)의 원가가 100,000원이고 평균원가율을 20%로 책정했다면 스카치 위스키 1잔의 판매가격은 얼마인가?

① 10,000원

② 15,000원

③ 20,000원

④ 25,000원

---

판매가격=원가/원가율*100 = 100,000/20*100 = 500,000
즉 스카치 위스키 1병의 판매가격은 500,000원이다. 그리고 1병에 750ml는 25oz, 1잔에 1oz이므로 500,000/25 = 20,000원이다.

정답 : ③

**120** 위스키(Whisky)를 만드는 과정이 옳게 배열된 것은?

① Mashing → Fermentation → Distillation → Aging

② Fermentation → Mashing → Distillation → Aging

③ Aging → Fermentation → Distillation → Mashing

④ Distillation → Fermentation → Mashing → Aging

---

당화(Mashing) → 발효(Fermentation) → 증류 (Distillation) → 숙성(Aging) 단계로 위스키를 만든다.

정답 : ①

**121** 위스키의 제조과정을 순서대로 나열한 것으로 옳은 것은?

① 맥아→ 당화 → 발효→ 증류 → 숙성

② 맥아→ 당화 → 증류 → 저장 → 후숙

③ 맥아→ 발표 → 증류→ 당화 → 블랜딩

④ 맥아→ 증류 → 저장→ 숙성 → 발효

정답 : ①

**122** Malt Whisky를 바르게 설명한 것은?

① 대량의 양조주를 연속식으로 증류해서 만든 위스키

② 단식 증류기를 사용하여 2회의 증류과정을 거쳐 만든 위스키

③ 피트탄(Peat, 석탄)으로 건조한 맥아의 당액을 발효해서 증류한 피트향과 통의 향이
베인 독특한 맛의 위스키

④ 옥수수를 원료로 대맥의 맥아를 사용, 당화시켜 개량솥으로 증류한 고농도 알코올의
위스키

정답 : ③

**123** 몰트 위스키의 제조과정에 대한 설명으로 틀린 것은?

① 정선 – 불량한 보리를 제거한다.

② 침맥 – 보리를 깨끗이 씻고 물을 주어 발아를 준비한다.

③ 제근 – 맥아의 뿌리를 제거시킨다.

④ 당화 – 효모를 가해 발효시킨다.

효모를 가해 발효시키는 것은 발효의 과정이다.

정답 : ④

**124** Grain Whisky에 대한 설명으로 옳은 것은?

① Silent Spirit라고도 불린다.

② 발아시킨 보리를 원료로 하여 만든다.

③ 향이 강하다.

④ Andrew Usher에 의해 개발되었다.

Grain Whisky란 맥아와 곡물(주로 옥수수나 밀, 호밀 등)을 원료로 하고, 연속 증류기(Patent Still)를 사용하여
한 번만 증류한 가볍고 부드러운 위스키를 말한다.

정답 : ②

**125** 블렌디드(Blended) 위스키가 아닌 것은?

① Chivas Regal − 18년                    ② Glenfiddich − 15년

③ Royal Salute − 21년                    ④ Dimple − 12년

---

몰트 위스키와 그레인 위스키를 혼합하여 만든 위스키를 블렌디드 위스키라고 부르며, 우리나라에서 마시는 대부분 위스키가 여기에 속한다. Glenfiddich(글렌피딕)은 몰트 위스키로서 보리만을 발아시켜 이탄향이 스며들게 한 다음 건조시킨 보리를 다시 발효하여 단식 증류한 위스키이다.

정답 : ②

**126** 다음 중 블렌디드(Blended) 위스키가 아닌 것은?

① Johnnie Walker Blue                    ② Cutty Sark

③ Macallan 18 Years Old                  ④ Ballentine's 30

---

블렌디드 위스키는 몰트 위스키와 그레인 위스키를 혼합한 것을 말한다. 종류가 다른 것, 같은 종류라도 제조 연대가 다른 것, 제조법이 다른 것들을 알맞게 혼합하여 독특한 향미를 만들어낸다. Macallan 18 Years Old는 피트향이 강하여 입안에서 강렬한 여운이 남는 몰트 위스키이다.

정답 : ③

**127** 다음 중 연속 증류법(Patent Still Whisky)으로 증류하는 위스키는?

① Irish Whisky                           ② Blended Whisky

③ Malt Whisky                            ④ Grain Whisky

---

연속 증류법으로 제조되는 위스키에는 그레인 위스키, 아메리칸 위스키, 캐나디안 위스키가 있으며, 단식 증류법(Pot Still Whisky)으로 제조되는 위스키에는 스코틀랜드의 몰트 위스키가 있다.

정답 : ④

**128** 다음 중 American Whiskey가 아닌 것은?

① Johnnie Walker                         ② I.W.Harper

③ Jack Danniel's                         ④ Wild Turkey

---

조니 워커는 스카치 위스키로 스코틀랜드 위스키이다.

정답 : ①

**129** American Whisky가 아닌 것은?

① Jim Beam                               ② Wild Turkey

③ Jameson                                ④ Jack Daniel

---

제임슨(Jameson)은 대표적인 아일랜드 위스키로 아이리쉬 커피 조주 시에 사용된다.

정답 : ③

**130** 옥수수를 51% 이상 사용하고 연속 증류기를 이용해 알코올 농도 40% 이상 80% 미만으로 증류하는 위스키는?

① Scotch Whiskey
② Bourbon Whiskey
③ Irish Whiskey
④ Canadian Whiskey

---

버번 위스키는 아메리칸 위스키이며 옥수수가 주원료이다.

정답 : ②

**131** 콘 위스키(Corn Whiskey)란?

① 옥수수가 50% 이상 포함된 것
② 옥수수 50%, 호밀 50%를 섞은 것
③ 옥수수가 80% 이상 포함된 것
④ 옥수수가 40% 이상 포함된 것

---

옥수수가 80% 이상 포함된 아메리칸 위스키이다.

정답 : ③

**132** Straight Bourbon Whiskey의 기준으로 틀린 것은?

① Produced in the USA
② Distilled at less than 160proof(80% ABV)
③ No additives allowed(except water to reduce proof where necessary)
④ Made of a grain mix of at maxium 51%

---

Straight Bourbon Whiskey의 원료는 옥수수를 51% 이상 포함해야 하고 80% 이하로 증류해야 한다. 효모는 순수 배양된 것이어야 하며 단일 원액만을 사용한다. 전체 생산량의 80%가 미국의 켄터키(Kentucky)주에서 생산된다.

정답 : ④

**133** 스카치 위스키가 아닌 것은?

① Glenfiddich                    ② Cutty Sark
③ Jack Danniel's                 ④ Ballantine

---

잭 다니엘은 미국 위스키인 테네시 위스키의 상표이다.

정답 : ③

**134** 스카치 위스키(Scotch Whisky)와 거리가 가장 먼 것은?

① Malt

② Peat

③ Used Sherry Cask

④ Used Limousin Oak Cask

Limousin Oak Cask은 코냑 제조에 사용되는 숙성 통이다.

정답 : ④

**135** Irish Whiskey에 대한 설명으로 틀린 것은?

① 깊고 진한 맛과 향을 지닌 몰트 위스키이다.

② 피트훈연을 하지 않아 향이 깨끗하고 맛이 부드럽다.

③ 스카치 위스키와 제조과정이 동일하다.

④ John Jameson, Old Bushmills가 대표적이다.

스카치 위스키는 곡류를 갈아서 발효·증류시켜 최소 3년간 오크통에 숙성시킨 것을 말한다. 증류법에는 단식 증류, 연속 증류 두 가지가 있는데, 아이리쉬 위스키는 맥아와 보리만을 사용하여 진한 이탄향을 유지시키면서 단식 증류기법으로 3번 증류하여 통에 숙성시킨다.

정답 : ③

**136** 브랜디에 대한 설명으로 틀린 것은?

① 포도 또는 과실을 발효하여 증류한 술이다.

② 코냑 브랜디에 처음으로 별표의 기호를 도입한 것은 1865년 헤네시(Hennessy)사에 의해서이다.

③ Brandy는 저장기간을 부호로 표시하며 그 부호가 나타내는 저장기간은 법적으로 정해져 있다.

④ 브랜디의 증류는 와인을 2~3회 단식 증류기(Pot Still)로 증류한다.

브랜디의 등급은 생산지역과 숙성기간에 따라 그 등급의 우열을 따지지만 브랜드마다 다르며 법적으로 정해진 것은 없다.

정답 : ③

**137** 다음 중 오드비(Eau-De-Vie)와 관련 있는 것은?

① Tequila                    ② Grappa

③ Gin                        ④ Brandy

프랑스에서는 브랜디를 생명의 물이라는 의미의 오드비(Eau-De-Vie)라 부른다.

정답 : ④

**138** 브랜디의 제조순서로 옳은 것은?

① 양조작업 – 저장 – 혼합 – 증류 – 숙성 – 병입
② 양조작업 – 증류 – 저장 – 혼합 – 숙성 – 병입
③ 양조작업 – 숙성 – 저장 – 혼합 – 증류 – 병입
④ 양조작업 – 증류 – 숙성 – 저장 – 혼합 – 병입

정답 : ②

**139** 브랜디의 제조공정에서 증류한 브랜디를 열탕 소독한 White Oak Barrel에 담기 전에 무엇을 채워 유해한 색소나 이물질을 제거하는가?

① Beer
② Gin
③ Red Wine
④ White Wine

브랜디는 오크통에 담기 전에 화이트 와인을 채워 유해한 물질을 제거한다.

정답 : ④

**140** 다음 중 사과를 주원료로 해서 만드는 브랜디는?

① Kirsch
② Calvados
③ Campari
④ Framboise

칼바도스의 사과 브랜디는 품질이 좋아 상표에 칼바도스라 표기하여 특산품임을 과시하였다.

정답 : ②

**141** 다음 중 나머지 셋과 성격이 다른 것은?

| | |
|---|---|
| A. Cherry Brandy | B. Peach Brandy |
| C. Hennessy Brandy | D. Apricot Brandy |

① A
② B
③ C
④ D

Hennessy Brandy는 브랜디 상표 중 하나이며 브랜디는 증류주이다. A, B, D는 리큐르에 속한다.

정답 : ③

**142** Brandy용 Glass의 특징으로 틀린 것은?

① Brandy의 향을 모아 주는 타입으로 상단부가 오므라져 있다.

② 손으로 Glass를 감싸 체온이 Brandy에 전해지는 형태이다.

③ Glass 안에서 Brandy가 흔들릴 때 향이 효과적으로 퍼질 수 있다.

④ 색유리로 Glass안의 Brandy색을 확인할 수 있다.

---

Brandy용 Glass는 볼이 넓고 오목한 튤립형의 Footed Glass이며, 체온으로 데워지도록 볼을 감싸 쥐는 것이 요령이다. 크기는 8oz가 기준이나 1oz 가량만 따른다. 색상이 있는 유리재질은 아니며, 투명해야만 Glass안의 Brandy의 색을 확인할 수 있다.

정답 : ④

**143** 다음 중 숙성기간이 가장 긴 브랜드의 표기는?

① 3 Star

② V.S.O.P

③ V.S.O

④ X.O

---

3 Star는 3~5년, 5 Star는 8~10년, V.O는 Very Old(15년), V.S.O는 Very Superior Old(15~25년), V.S.O.P는 Very Superior Old Pale(15~30년), X.O는 Extra Old(45년 이상), Extra는 70년 이상 숙성을 말하며, 이는 라벨에 표기된다.

정답 : ④

**144** 다음 중 헤네시의 등급 규격으로 틀린 것은?

① Extra : 15~25년

② V.O : 15년

③ X.O : 45년 이상

④ V.S.O.P : 20~30년

정답 : ①

**145** 브랜디(Brandy)와 코냑(Cognac)에 대한 설명으로 옳은 것은?

① 브랜디와 코냑은 재료의 성질에 차이가 있다.

② 코냑은 프랑스의 코냑 지방에서 만들었다.

③ 코냑은 브랜디를 보관 연도별로 구분한 것이다.

④ 브랜디와 코냑은 내용물의 알코올 함량에 큰 차이가 있다.

---

보편적으로는 브랜디를 코냑이라 부르고 스파클링 와인을 샴페인이라 부르지만 사실 이 명칭은 생산된 지역을 지칭한 상표이다.

정답 : ②

**146** 브랜디와 코냑에 대한 설명으로 틀린 것은?

① 모든 코냑은 브랜디에 속한다.
② 모든 브랜디는 코냑에 속한다.
③ 코냑 지방에서 생산되는 브랜디만이 코냑이다.
④ 코냑은 포도를 주재료로 한 증류주의 일종이다.

프랑스의 코냑 지방에서 생산되는 포도주를 원료로 한 브랜디만을 코냑이라 한다.

정답 : ②

**147** 코냑의 세계 5대 메이커에 해당하지 않는 것은?

① Hennessy  　　② Remy Martin
③ Camus  　　④ Tauqueray

Tauqueray는 진(Gin)제품이다.

정답 : ④

**148** Gin에 대한 설명으로 틀린 것은?

① 저장 · 숙성을 하지 않는다.
② 생명의 물이라는 뜻이다.
③ 무색 · 투명하고 산뜻한 맛이다.
④ 알코올 농도는 40~50% 정도이다

정답 : ②

**149** 곡물(Grain)을 원료로 만든 무색투명한 증류주에 두송자(Juniper Berry)의 향을 착향시킨 술은?

① Tequila  　　② Rum
③ Vodka  　　④ Gin

Gin은 두송자(Juniper Berry)를 주향료로 하는 알코올 음료이다.

정답 : ④

**150** 두송자를 첨가하여 풍미를 나게 하는 술은?

① Gin  　　② Rum
③ Vodka  　　④ Tequila

Gin은 정제된 알코올에 주니퍼 베리(Juniper Berry, 노간주나무 열매, 두송자)로 향기를 내는 무색투명한 증류주이다.

정답 : ①

**151** 다음 중 유래가 '생명의 물'이 아닌 술은?

① 위스키
② 브랜디
③ 보드카
④ 진

진(Gin)은 주니퍼 베리에서 유래된 이름이다.

정답 : ④

**152** 다음 중 저장 · 숙성(Aging)시키지 않는 증류주는?

① Scotch Whisky
② Brandy
③ Vodka
④ Bourbon Whiskey

미리 증류시켜서 정제해 알코올 도수가 매우 높고, 향미성분이 거의 없는 중성 증류주를 구입하여 숯으로 여과 · 정제시킨 다음 증류수로 알코올 강도를 감소시키고 숙성과정 없이 병에 담은 술을 보드카라 한다.

정답 : ③

**153** 보드카와 관련이 없는 것은?

① Colorless, Orderless, Tasteless
② Vodka, 러시아
③ 감자, 고구마
④ 이탄, 사탕수수

보드카는 곡류와 감자를 원료로 하여 발효한 술로, 95% 정도의 주정을 얻어낸 후 자작나무의 숯과 양질의 모래로 20~30회 정도 반복 여과하여 만든 러시아의 대중적인 술이다.

정답 : ④

**154** 보드카의 생산 국가가 나머지 셋과 다른 하나는?

① 스미노프(Smirnoff)
② 사모바르(Samovar)
③ 모나크(Monarch)
④ 핀란디아(Finlandia)

Finlandia는 핀란드산 보드카이다.

정답 : ④

**155** 다음 중 Vodka에 속하는 것은?

① Bacardi
② Stolichnaya
③ Blanton's
④ Beefeater

보드카 상표를 국가별로 살펴보면 독일-Panzer, 미국-Smirnoff, 스웨덴-Absolute Vodka, Svedka, 이탈리아-SKY Vodka, 캐나다-Iceberg Vodka, 폴란드-Wódka Wyborowa, Belvedere, 프랑스-Grey Goose, Cîroc, 핀란드-Finlandia, 덴마크-Danzka, 러시아-Stolichnaya가 있다.

정답 : ②

**156** 다음 중 럼(Rum)의 주원료로 옳은 것은?

① 대맥(Rye)과 보리(Barley)
② 사탕수수(Suger Cane)와 당밀(Molasses)
③ 꿀(Honey)
④ 쌀(Rice)과 옥수수(Corn)

정답 : ②

**157** Rum에 대한 설명으로 틀린 것은?

① 사탕수수를 압착하여 액을 얻는다.
② 헤비럼(Heavy-Rum)은 감미가 높다.
③ 효모를 첨가하여 만든다.
④ 감자로 만든 증류주이다.

감자로 만든 증류주로는 보드카나 아쿠아비트가 있다.

정답 : ④

**158** 다음 증류주 중에서 곡류의 전분을 원료로 하지 않은 것은 ?

① 진(Gin)　　　　　　　　② 럼(Rum)
③ 보드카(Vodka)　　　　　④ 위스키(Whiskey)

럼은 설탕 원료인 사탕수수를 사용하여 제조 과정 중에 생기는 부산물로 담근다.

정답 : ②

**159** 다음 중 Rum의 원산지는?

① 러시아　　　　　　　　② 카리브해 서인도제도
③ 북미 지역　　　　　　　④ 아프리카 지역

Rum은 사탕수수(Sugarcane)에서 설탕을 만들고 난 찌꺼기인 당밀(Molasses)을 이용하여 발효·증류시켜 만든 증류주로, 원산지는 카리브해 서인도제도이다.

정답 : ②

**160** 담색 또는 무색으로 칵테일의 기본주로 사용되는 Rum은?

① Heavy Rum　　　　　　② Medium Rum
③ Light Rum　　　　　　　④ Jamaica Rum

Light Rum은 White Rum이라고도 하며 무색이다.

정답 : ③

**161** 다음 중 Tequila와 관계가 없는 것은?

① 용설란                    ② 풀케

③ 멕시코                    ④ 사탕수수

---

멕시코의 특산물인 용설란의 수액을 채취해 하얗고 걸쭉한 풀케라는 탁한 술을 만든다. 이것을 증류한 것이 데킬라이다.

정답 : ④

**162** 프리미엄 데킬라의 원료로 옳은 것은?

① 아가베 아메리카나          ② 아가베 아즐 데킬라나

③ 아가베 아트로비렌스        ④ 아가베 시럽

정답 : ②

**163** 다음에서 설명하는 주류로 옳은 것은?

> • 북유럽 스칸디나비아 지방의 특산주로 어원은 생명의 물이라는 뜻을 가진 라틴어에서 온 말이다.
> • 제조과정은 먼저 감자를 익혀서 으깬 감자와 맥아를 당화 · 발효하여 증류시킨다.
> • 연속 증류기로 95%의 고농도 알코올을 얻은 다음 물로 희석하고 회향초 씨, 박하, 오렌지 껍질 등 여러 가지 종류의 허브로 향을 착향시킨 술이다.

① 보드카(Vodka)

② 럼(Rum)

③ 아쿠아비트(Aquavit)

④ 브랜디(Brandy)

---

아쿠아비트에 대한 설명이다.

정답 : ③

**164** 북유럽 스칸디나비아 지방의 특산주로 감자와 맥아를 주재료로 사용하며, 증류 후에 회향초 씨(Caraway Seed) 등 여러 가지 허브로 향기를 착향시킨 술은?

① 보드카(Vodka)              ② 진(Gin)

③ 데킬라(Tequila)            ④ 아쿠아비트(Aquavit)

정답 : ④

# 혼성주(Liqueur)

## 1 혼성주의 개념 및 분류

양조주나 증류주에 초근목피(꽃·잎·뿌리·과일·껍질)를 담가 식물의 향미·맛·색깔을 침출시키고, 다시 당·색소를 가한 술로 우리나라의 매실주가 여기에 속한다. 일반적으로 알코올과 고형분의 함량이 높은 술이며, 미국의 Cordial(코디얼)과 같은 의미이다.

### (1) 리큐어의 제조방법

혼성주를 제조하는 방법에는 증류법, 침출법, 에센스법이 있다.

#### 1) 증류법(Distillation)

향료나 약물을 일정기간 주정에 적셔 침출액을 넣고 증류한 후에 설탕, 꿀, 포도당 등의 감미물질과 착색료, 향료를 첨가하는 제조 방법이다.

#### 2) 침출법(Infusion, Maceration)

증류하면 변질의 우려가 있는 과일이나 약초, 향료에 응용하는 방법이다. 원료를 주정에 담가 그 성분이나 향미를 우려내어 침출액을 착색, 여과한다. 열을 가하지 않기 때문에 콜드방식이라고도 한다.

#### 3) 에센스법(Essence), 추출법, 향유혼합법

주정에 천연 또는 합성의 향료를 배합하여 여과한 후에 당분을 첨가하여 만드는 방법이다.

| 리큐러 명칭 | 특 징 | 사 진 |
|---|---|---|
| 칼루아<br>(Kahlua) | 멕시코산 커피를 원료로 하고 코코아, 바닐라향을 첨가한 커피 리큐어이다. | |
| 크렘 드 카시스<br>(Creme De Cassis) | 카시스 열매로 만든 리큐어이다. | |
| 크렘 드 카카오<br>(Creme De Cacao)<br>White, Brown | 카카오의 씨가 주원료이며, 카카오향과 바닐라향을 가미한 카카오 리큐어로 화이트와 브라운 색상이 있다. | |
| 크렘 드 민트<br>(Creme De Menthe)<br>White, Green | 민트향이 나는 리큐어로 흰색과 초록색이 있다. | |
| 베르무트<br>(Vermouth)<br>Dry, Sweet | 와인에 브랜디나 당분을 섞고 향료나 약초를 넣어 향미를 낸 리큐어로, 단맛이 없는 것과 있는 것이 있다. | |

| | | |
|---|---|---|
| 슬로 진<br>(Slow Gin) | 진에 야생 자두를 첨가하여 만든 리큐어이다. | |
| 갈리아노<br>(Galliano) | 이탈리아에서 생산되는 약초리큐어로, 오렌지와 바닐라향이 나며 병의 모양이 길쭉하다. | |
| 드람뷔이<br>(Drambuie) | 스카치 위스키 베이스에 벌꿀을 첨가하여 만든 리큐어로, 사람을 만족시키는 음료라는 뜻을 가졌다. | |
| 말리부<br>(Malibu) | 화이트 럼에 코코넛을 으깨 넣고 숙성시켜 만든 리큐어이다. | |
| 베일리스<br>(Baileys) | 아이리쉬 위스키와 크림, 벨기에 초콜릿으로 만든 크림 리큐어이다. | |
| 삼부카<br>(Sambuca) | 이탈리아의 전통 음료로, 주정에 감초맛과 비슷한 열매인 아니스를 넣고 숙성하여 만든다. | |

| | | |
|---|---|---|
| 아그와<br>(AGWA) | 코카인의 원료인 코카나무 잎을 원료로 조주된 상쾌한 느낌의 허브 리큐어이다. | |
| 아마룰라<br>(Amarula) | 남아프리카공화국에서 생산되며, 비타민 C가 많은 마룰라 열매를 첨가한 크림 리큐어이다. | |
| 압생트<br>(Absinthe) | 녹색 요정이라는 별칭을 가졌다. 팔각, 회향, 쓴쑥 세 가지 허브계 약초로 만든 리큐어이다. | |
| 서던 컴포트<br>(Southern Comfort) | 버번 위스키에 복숭아 위주의 향미를 낸 미국을 대표하는 리큐어이다. | |
| 티아 마리아<br>(Tia Maria) | 럼을 베이스로 한 커피 리큐어이다. | |
| 쿰멜<br>(Kummel) | 황색의 회향초로 만든 약초 리큐어이다. | |

| | | |
|---|---|---|
| 마라스퀸<br>(Marasquin) | 마라스카종의 체리를 가미하여 만든 리큐르이다. | |
| 크렘 드 바나나<br>(Creme De Banana) | 브랜디에 바나나를 배합한 리큐어이다. | |
| 샤브라<br>(Sabra) | 초콜릿 맛이 느껴지는 이스라엘의 오렌지 리큐어이다. | |
| 아샨티 골드<br>(Ashanti Gold) | 가나의 카카오 콩으로 만든 카카오 리큐어이다. | |
| 아드보카트<br>(Advocate) | 브랜디에 달걀 노른자와 바닐라향을 섞은 리큐어이다. | |
| 미도리<br>(Midori) | 일본에서 제조한 멜론 리큐어이다. | |

| 예거마이스터<br>(Jagermeister) | 56종류의 허브를 사용한 독일산 리큐어이다. | |
|---|---|---|
| 아마레또<br>(Amaretto) | 이탈리아에서 살구의 씨를 원료로 하고 아몬드 향 에<br>센스를 첨가하여 만든 리큐어이다. | |

※ 오렌지 리큐어

| 명 칭 | 특 징 | 사 진 |
|---|---|---|
| 트리플 섹<br>(Triple Sec) | 쓴맛의 강한 오렌지 껍질로 만든 리큐어이다. | |
| 블루 큐라소<br>(Blue Curacao) | 사파이어의 색을 띤 오렌지 리큐어이다. | |
| 코인트로<br>(Cointreau) | 프랑스 리큐어 브랜드 코인트로는 지난 150년간 오렌<br>지 리큐어의 상징으로 여겨져왔다. | |
| 그랑 마니에르<br>(Grand Marnier) | 코냑이 함유된 오렌지 계열의 리큐어이다. | |

※ 비터스(Bitters) - 주로 식전주로 마신다.

| 명칭 | 특징 | 사진 |
|------|------|------|
| 캄파리<br>(Campari) | 이탈리아의 전통 식전주로 마시는 리큐어이다. | |
| 앙고스트라 비터<br>(Angostura Bitter) | 1824년 베네주엘라 보리바시(앙고스트라)에 주둔하던 영국인 시거트 박사가 럼에 약초와 향료를 배합하여 만든 리큐어이다. | |
| 시나<br>(Cyna) | 와인에 아티초크를 원료로 사용한 리큐어이다. | |
| 샤르트뢰즈<br>(Chartreuse) | 프랑스 수도원의 이름에서 따온 샤르트뢰즈는 리큐르의 여왕이라 불린다. | |
| 베네딕틴<br>(Benedictine) | 베네딕트 수도원의 수도승에 의해 만들어졌으며 라벨에 있는 D.O.M.는 'Deo Optimo Maxino(최대, 최선의 신에게)라는 의미이다. | |
| 아메르 피콘<br>(Amer Picon) | 오렌지 껍질을 가미한 프랑스산 식전주 리큐어이다. | |

※시럽 및 주스

| 명 칭 | 특 징 | 사 진 |
|---|---|---|
| 그레나딘 시럽<br>(Grenadin Syrup) | 석류의 과즙과 설탕으로 이루어진 무알코올의 붉은 시럽이다. | |
| 라임주스<br>(Lime Juice) | 라임과즙으로 만든 무알코올 주스이다. | |

**165** 혼성주의 설명으로 틀린 것은?

① 증류주에 초근목피의 침출물로 향미를 더한다.

② 프랑스에서는 코디얼이라고 부른다.

③ 제조방법으로 침출법, 증류법, 에센스법이 있다.

④ 중세 연금술사들에 의해 발견되었다

---

미국에서 코디얼(Cordial)이라 부른다.

정답 : ②

**166** 혼성주의 특징으로 옳은 것은?

① 사람들의 식욕부진, 원기 회복을 위해 제조되었다.

② 과일 중에 함유되어 있는 당분이나 전분을 발효시킨다.

③ 향료, 약초 등을 첨가해 약용이 목적이었으나 현재는 식후주로 많이 이용한다.

④ 저온 살균하여 영양분을 섭취할 수 있다.

---

혼성주란 증류주 또는 양조주에 초근목피 등 향미 성분이나 감미료를 배합하여 만든 감미롭고 향기가 강한 술로, 통상 리큐르라고 한다. 칵테일의 기주로 사용하기도 하며 식후에 애용되는 식후주이기도 하다.

정답 : ③

**167** 혼성주의 특성과 가장 거리가 먼 것은?

① 증류주 혹은 양조주에 초근목피, 향료, 과즙, 당분을 첨가하여 만든 술

② 리큐르(Liqueur)라고 불리는 술

③ 주로 식후주로 즐겨 마시며 화려한 색채와 특이한 향을 지닌 술

④ 곡류와 과실 등을 원료로 발효한 술

---

곡류와 과실 등을 원료로 발효한 술은 양조주(발효주)이다.

정답 : ④

**168** 혼성주(Compounded Liquor)에 대한 설명 중 틀린 것은?

① 칵테일 제조나 식후주로 사용된다.

② 오직 발효주에 초근목피의 침출물을 혼합하여 만든다.

③ 색채, 향기, 감미, 알코올의 조화가 잘된 술이다.

④ 혼성주는 고대 그리스시대에 약용으로 사용되었다.

---

혼성주는 발효주뿐 아니라 증류주에도 인공향료나 약초, 초근목피 등의 휘발성 향유를 첨가하고 설탕이나 꿀 등으로 달콤한 맛이 나게 조주한 알코올성 음료이다.

정답 : ②

**169** 리큐르(Liqueur)의 제조법과 가장 거리가 먼 것은?

① 블렌딩법(Blending)

② 침출법(Infusion)

③ 증류법(Distillation)

④ 에센스법(Essence Process)

혼성주 제조법에는 침출법, 증류법, 에센스법, 여과법이 있다.

정답 : ①

**170** 혼성주의 제조방법 중 시간이 가장 많이 소요 되는 방법은?

① 증류법(Distillation Process)

② 침출법(Infusion Process)

③ 추출법(Percolation Process)

④ 배합법(Essence Process)

정답 : ②

**171** 다음 중 혼성주에 해당하는 것은?

① Beer

② Drambuie

③ Olmeca

④ Grave

Drambuie(드람뷔이)는 꿀이 첨가된 혼성주이다. Beer(맥주)는 양조주, Olmeca(올메카)는 멕시코의 증류주인 데킬라의 상표이며 Grave(그라브)는 프랑스 보르도 지역의 와인이다.

정답 : ②

**172** 원산지가 프랑스인 술로 옳은 것은?

① Absinthe

② Curacao

③ Kahlua

④ Drambuie

식전주인 압생트는 프랑스산 리큐르이다. 큐라소는 베네수엘라산 리큐르, 칼루아는 멕시코산 커피 리큐르, 드람뷔이는 스코틀랜드산 리큐르이다.

정답 : ①

**173** 다음 리큐르(Liqueur) 중 베일리스가 생산되는 곳은?

① 스코틀랜드

② 아일랜드

③ 잉글랜드

④ 뉴질랜드

베일리스(Bailey's)는 아이리쉬 크림, 위스키, 기타 재료를 넣어 만든 부드러운 음료로 아일랜드에서 생산된다.

정답 : ②

**174** 리큐르(Liqueur)가 아닌 것은?

① Benedictine　　　　　　② Anisette

③ Augier　　　　　　　　④ Absinthe

오지에(Augier)는 1643년 피에르 오지에가 만든 현존하는 가장 오래된 코냑 브랜드이다. 별 셋 마크가 붙은 것은 태양왕 루이 14세를 뜻하는 '솔레이(Soleil)'를 사용한다.

정답 : ③

**175** 다음 중 Liqueur와 관계가 없는 것은?

① Cordials

② Arnaud De Villeneuve

③ Benedictine

④ Dom Perignon

Arnaud De Villeneuve(아르노 드 빌누)는 스페인의 연금술적 철학자이며 신학, 철학, 법학, 의학의 교육을 파리, 몬페리에 등에서 수학하였다. 라틴어, 그리스어, 아라비아어, 히브리어를 자유롭게 구사하며 수많은 우수한 연금술의 서적을 출판하였다. Dom Perignon은 샴페인을 창시한 프랑스인이다.

정답 : ④

**176** 증류법에 의해 만들어지는 달고 색이 없는 리큐르로 캐러웨이의 씨, 쿠민, 회향 등을 첨가하여 맛을 내는 것은?

① Kummel　　　　　　　② Orange Curacao

③ Campari　　　　　　　④ Arfait Amour

Kummel은 종자류 리큐르로서 회향초 열매를 주원료로 증류하여 만든 무색투명한 독일 리큐르이다. 1575년 폴란드에서 처음 생산하였으나 지금은 독일을 비롯한 여러 나라에서 생산되고 있다.

정답 : ①

**177** 이탈리아 밀라노 지방에서 생산되며, 오렌지와 바닐라 향이 강하고 길쭉한 병에 담긴 리큐르는?

① Galliano　　　　　　　② Kummel

③ Kahlua　　　　　　　　④ Drambuie

갈리아노(Galliano) : 혼성주 중 병의 모양이 가장 길쭉하며 오렌지와 바닐라향이 난다. 골든 캐딜락(Golden Cadilac), 하비 월뱅어(Harvy Wallbanger) 칵테일에 사용된다.

정답 : ①

**178** French Vermouth에 대한 설명으로 옳은 것은?

① 와인을 인위적으로 착향시킨 담색 무감미주
② 와인을 인위적으로 착향시킨 담색 감미주
③ 와인을 인위적으로 착향시킨 적색 감미주
④ 와인을 인위적으로 착향시킨 적색 무감미주

정답 : ①

**179** 다음 중 리큐르가 아닌 것은?

① Cointeau
② Seagrams V.O
③ Anisette
④ Benedictine

Seagrams V.O는 북아메리카의 위스키이다.

정답 : ②

**180** 황금색 감미주로 병에 D.O.M이라고 표기되어 있는 것은?

① Benedictine
② Curacao
③ Charteuse
④ Cointreau

베네딕틴은 프랑스 수도원에서 조주된 리큐르로 라벨에 '최선, 최대의 신에게'라는 뜻을 가진 D.O.M(Deo Optimo Mecimo)라는 약자가 쓰여 있다.

정답 : ①

**181** 포도주에 아티초크를 배합한 리큐르로 약간 진한 커피색을 띠는 것은?

① Chartreuse
② Cynar
③ Dubonnet
④ Campari

시나는 엉겅퀴와 13종류 이상의 허브 추출액을 첨가한 이탈리아산 리큐르로 쓴맛이 나는 적갈색 술이다.

정답 : ②

**182** 커피를 주원료로 만든 리큐르는?

① Grand Marnier
② Benedictine
③ Kahlua
④ Sloe Gin

Kahlua는 멕시코산 테킬라에 커피를 넣어 만든 리큐르이다.

정답 : ③

**183** 다음 혼성주 중 오렌지 껍질을 주원료로 하는 것은?

① Anisette　　　　　　　　② Campari
③ Triple Sec　　　　　　　④ Underberg

---

Triple Sec은 오렌지 껍질을 주원료로 한 큐라소의 한 종류이다.

정답 : ③

**184** 다음 중 원료가 다른 술은?

① 트리플 섹　　　　　　　② 마라스퀸
③ 코인트로　　　　　　　　④ 블루 큐라소

---

마라스퀸은 체리를, 나머지는 오렌지 껍질을 원료로 한다.

정답 : ②

**185** Liqueur병에 적혀 있는 D.O.M의 의미는?

① 이탈리아어의 약자로 최고의 리큐르라는 뜻이다.
② 라틴어로서 베네딕틴 술을 말하며, '최선, 최대의 신에게'라는 뜻이다.
③ 15년 이상 숙성된 약술을 의미한다.
④ 프랑스 상파뉴 지방에서 생산된 리큐르를 의미한다.

정답 : ②

**186** Benedictine의 Bottle에 적힌 D.O.M의 의미는?

① 완전한 사랑　　　　　　② 최선, 최대의 신에게
③ 쓴맛　　　　　　　　　④ 순록의 머리

---

혼성주(Liqueur)에는 수도원에서 성직자가 조주한 종류가 많은데 그 중 베네딕틴은 라벨에 D.O.M.(최선 최대의 신에게)이라는 표기를 한다.

정답 : ②

**187** 이탈리아 리큐르로 살구의 씨를 물과 함께 증류하여 향초 성분과 혼합하고 시럽을 첨가하여 만든 리큐르는?

① Cherry Brandy　　　　② Curacao
③ Amaretto　　　　　　　④ Tia Maria

---

아마레토(Amaretto)는 살구의 씨를 주원료로 하여 만드는 이탈리아의 리큐르이다.

정답 : ③

**188** 다음 재료 중 칵테일 조주 시 사용하는 붉은 색의 시럽은?

① Maple Syrup

② Honey

③ Plain Syrup

④ Grenadine Syrup

---

Grenadine Syrup는 석류열매를 주원료로 하는 시럽으로 붉은 색을 가미할 때 사용한다.

정답 : ④

**189** 다음 중 연결이 바르게 된 것은?

① Absinthe – 노르망디 지방의 프랑스산 사과

② Campari – 주정에 향쑥을 넣어 만드는 프랑스산 리큐르

③ Calvados – 이탈리아 밀라노에서 생산되는 와인

④ Chartreuse – 승원(수도원)이란 뜻을 가진 리큐르

---

Absinthe는 주정에 향쑥을 넣어 만드는 프랑스산 리큐르, Campari는 창시자 이름을 딴 매우 쓴맛의 이탈리아산 붉은색 리큐르, Calvados는 프랑스 노르망디 지방의 사과 브랜디이다.

정답 : ④

**190** 다음 중 Scotch Whisky에 꿀(Honey)를 넣어 만든 혼성주는?

① Cherry Heering

② Cointreau

③ Galliano

④ Draimbuie

---

드람뷔이는 영국 귀족 기사들이 즐겨 마신 혼성주로, 꿀을 넣어 만든다.

정답 : ④

**191** 다음 중 꿀로 만든 리큐르(Liqueur)는?

① Creme De Menthe

② Curacao

③ Galliano

④ Drambuie

정답 : ④

**192** 다음의 설명에 해당하는 혼성주를 옳게 연결한 것은?

> ㉠ 멕시코산 커피를 주원료로 하여 Cocoa, Vanilla향을 첨가해서 만든 혼성주
> ㉡ 야생 자두를 진에 첨가해서 만든 붉은색의 혼성주
> ㉢ 이탈리아의 국민주로 제조법은 각종 식물의 뿌리씨, 향초, 껍질 등 70여 가지의 재료로 만들어지며 제조 기간은 45일이 걸린다.

① ㉠ 샤르트뢰즈(Chartreuse)  ㉡ 시나(Cynar)  ㉢ 캄파리(Campari)
② ㉠ 파샤(Pasha)  ㉡ 슬로우 진(Sloe Gin)  ㉢ 캄파리(Campari)
③ ㉠ 칼루아(Kahlua)  ㉡ 시나(Cynar)  ㉢ 캄파리(Campari)
④ ㉠ 칼루아(Kahlua)  ㉡ 슬로우 진(Sloe Gin)  ㉢ 캄파리(Campari)

정답 : ④

**193** 다음 시럽 중 나머지 셋과 특징이 다른 것은?

① Grenadine Syrup
② Can Suger Syrup
③ Simple Syrup
④ Plain Syrup

그레나딘 시럽은 석류열매를 사용한 혼성주이고, 나머지는 설탕 시럽이다.

정답 : ①

**194** 다음 중 리큐르(Liqueur)의 종류에 속하지 않는 것은?

① Creme De Cacao
② Curacao
③ Negroni
④ Dubonnet

Negroni는 캄파리(Campari) 리큐르가 들어가는 칵테일 이름이다.

정답 : ③

**195** 다음 중 오렌지향이 가미된 혼성주가 아닌 것은?

① Triple Sec
② Tequila
③ Grand Marnier
④ Cointreau

정답 : ②

# 전통주

## 1 전통주의 개념 및 분류

전통주란 옛날부터 전통적으로 내려오는 조주 방법에 따라 만드는 술을 말한다. 삼국사기와 삼국유사 문헌에서 말하는 우리나라 전통주 기록을 살펴보면, 삼국시대에는 맑은 청주와 흐린 술 종류의 탁주가 대표적인 전통주였고 통일신라시대에는 신라주, 고려시대에는 고려주가 전통주였음을 설명하고 있다. 고려 말에는 몽골에서부터 소주 만드는 방법이 들어와 전통주의 종류가 다양했는데, 지역 농작물을 이용하여 지역별 전통주, 즉 각 지방의 독특한 방법으로 만드는 민속주를 조주하였다. 대표적인 전통주로는 금산의 인삼주, 홍천의 옥선주, 안동의 송화주, 전주의 이강주, 진도의 홍주, 고창의 복분자주 등이 있다.

그리고 술에 사용되는 원료에 따라 분류해보면 순곡주, 혼양곡주, 과일주, 증류주로 설명할 수 있다.

※ 순곡주 : 막걸리, 동동주, 삼해주, 서울송절주, 소곡주, 청주 법주

　　혼양곡주 : 혼양주

　　과일주 : 매실주, 복분자주

　　증류주 : 소주, 문배주

우리 전통주를 모두 파악하기에는 어려움이 따르지만 지역별로 전해져오는 전통주에 대하여 특성을 살펴본다.

| 전통주 명칭 | 설 명 | 전통주 명칭 | 설 명 |
|---|---|---|---|
| [전북, 전주] 이강주 | 배, 생강, 울금이 원료이며 부드럽고 뒷맛이 깨끗하다. '울금'을 바탕으로 전주에서 탄생한 술이다. | [경주] 교동법주 | 신라시대부터 내려오는 유상곡수(流觴曲水)로 엄격한 법도에 의하여 만들어진다. 노랗고 투명한 담황색으로 찹쌀 특유의 찐득한 감촉과 함께 순하면서도 강한 곡주의 맛이 우러난다. 찹쌀죽과 누룩가루를 버무려 3~5간 발효시켜 밑술을 만든다. |
| 두견주 | 아미산의 진달래, 안샘물로 빚는다. 고려 개국공신 복지겸의 병을 완쾌시킨 술로, 질병을 치료하는 신비의 술이라 한다. | 백세주 | 조선시대 정약용의 지봉유설에 보면 찹쌀로 만든 한국의 발효술이며, 다양한 허브, 인삼으로 맛을 낸다. 백세주라는 이름은 이 술을 마시면 백세까지도 살 수 있다고 해서 붙여졌다. |
| [서울] 문배주 | 고려시대 왕실주로서 배꽃향이 나는 고급 위스키에 해당하며, 오늘날 남북 장관급 정상회담 시 함께한 본고장이 평양인 술이다. 좁쌀과 수수가 원료로 사용되며, 숙취가 없고 향이 좋아 부드러운 맛을 자랑한다. | [안동] 소주 | 안동에서는 가문마다 독특한 재료와 방법으로 만드는 청주가 전해져왔는데, 이 청주를 증류하여 만든 것이 소주이며 순 곡주이다 |
| [용인] 옥로주 | 옥로주는 조선조말 전북 남원에 살던 유행룡이란 사람이 제조를 시작(1860년)하였으며, 서산 유씨 가문에서만 전수되는 전통소주이다. 한방약재인 율무로 빚었고, '물맛이 술맛'이란 제조비법에 따라 유씨 일가는 '좋은 물'을 찾아 남원과 경기도 김포 등지로 양조장을 옮기다가 최근 용인에 정착했다. | [금산] 인삼주 | 인삼주의 재료는 쌀과 인삼, 솔잎, 약쑥이다. 이 재료들을 전통 증류기를 통해 증류한 술이다. |

| | | | |
|---|---|---|---|
| <br>[한산]<br>소곡주 | 철분 성분이 있는 술이다. 과거를 보러가던 선비들은 술잔을 기울이다 과거일자를 넘겼고 물건을 훔치려온 도적들은 술을 마시다 취해서 몸을 가누지 못했다고 하여 소곡주를 '앉은뱅이술' 이라고 부른다. | <br>[진도]<br>홍주 | 진도 홍주는 여느 소주와 마찬가지로 밑술을 증류해 만들지만 여기에 지초(지치과의 다년초 식물로 뿌리는 이뇨제, 청혈제, 습진, 부스럼 등에 한방약제로 사용된다)를 넣는 것이 다르다. |
| <br>연엽주 | 충남 아산의 도무형 문화제 11호인 연엽주는 원래 대궐에서만 마셨던 궁중음식이다. 찹쌀과 멥쌀을 깨끗이 씻어 고두밥을 만든 후 하루 동안 밤이슬을 맞혀 냄새를 제거한 후 가장 밑바닥에 솔잎을 가볍게 깔고 그 위에 다시 연잎을 적당히 덮어 만든다. | <br>감홍로 | 감(甘)은 단맛을, 홍(紅)은 붉은 색을, 로(露)는 증류할 때 소주 고리에 맺히는 술이 이슬과 같다는 뜻이며, 로(露)는 임금님께 진상한 술에만 사용 할 수 있는 글자이기도 하다. 춘향전에서 몽룡과 춘향이 이별하는 장면에서 향단이에게 이별주로 감홍로를 가져오라하는 대목과, 별주부전에서 자라가 간을 빼앗기 위해 토끼를 용궁으로 데려가는 장면에서도 등장하는 조선 최고의 명주이다. |
| <br>[김천]<br>과하주 | 여름을 날 수 있는 술이라는 뜻에서 붙여진 이름이다. 소주는 독하고 약주는 알코올도수가 낮아 변질되기 쉬워서 고안된 술이다. | <br>[선운산]<br>복분자주 | 선운산 복분자주는 전북 고창의 고찰(古刹) 선운사 주변 고을에서 1,400년 전부터 내려온 전통주로, 1998년 현대그룹 고(故) 정주영 명예회장이 소떼를 몰고 방북했던 때 김정일 국방위원장에게 선물하면서 알려진 술이다. |
| <br>백일주 | 송화백일주는 조선시대 중엽 전북 완주군 모악산 중턱에 암자를 창건한 것으로 알려진 고승 진묵대사(1562~1633)에 의해 제조되어, 이후 350여 년간 한 번도 맥이 끊기지 않고 진묵대사 기일에 사용되어온 것으로 알려져 있다. | <br>[홍천]<br>옥선주 | 강원도의 쌀과 옥수수로 발효시킨 증류주이다. 고종 때 부모님을 살리기 위해 노력한 효자의 부인 이름을 따서 옥선주라 한다. |
| <br>송절주 | 싱싱한 소나무 마디를 삶은 물과 쌀로 빚어 만들며, 약으로도 쓰이는 술이다. 송절주를 언제부터 빚어 마셨는지 그 유래에 관해 정확히 알 수는 없다. | | |

**196** 우리나라 전통주의 설명으로 틀린 것은?

① 증류주 제조기술은 고려시대 때 몽고에 의해 전래되었다.
② 탁주는 쌀 등 곡식을 주로 이용하였다.
③ 탁주, 약주, 소주의 순서로 개발되었다.
④ 청주는 쌀의 향을 얻기 위해 현미를 주로 사용한다.

---

정미하지 않는 쌀로는 현미주를 만들고, 청주는 백미로 만드는 양조주로서 맑은 술을 칭한다.

정답 : ④

**197** 우리나라의 전통 소주류에 해당되지 않는 것은?

① 안동 소주
② 청송불로주
③ 문배주
④ 산수유주

---

우리나라 전통 소주류에는 문배주, 안동소주, 청송불로주, 옥로주 등이 있다. 산수유주는 산수유로 담근 약용주로 약주류에 속한다.

정답 : ④

**198** 다음 전통주 중 증류식 소주가 아닌 것은?

① 문배주
② 이강주
③ 옥로주
④ 안동소주

---

이강주는 호남의 명주로서 부드럽고 뒤끝이 깨끗한 전통주이다. 조주법은 쌀로 빚은 30도의 소주에 배, 생강, 울금 등 한약재를 넣어 숙성시킨다.

정답 : ②

**199** 지방의 특산 전통주가 잘못 연결된 것은?

① 금산–인삼주
② 홍천–옥선주
③ 안동–송화주
④ 전주–오곡주

---

전주는 이강주로 유명하다.

정답 : ④

**200** 쌀, 보리, 조, 수수, 콩 등 5가지 곡식을 물에 불린 후 시루에 쪄 고두밥을 만들고, 누룩을 섞고 발효시켜 전술을 빚는 술은?

① 백세주
② 진도 홍주
③ 안동 소주
④ 연엽주

정답 : ③

**201** 다음 중 우리나라의 전통주가 아닌 것은?

① 소흥주
② 소곡주
③ 문배주
④ 경주법주

소흥주는 중국의 황주 중에서 역사가 가장 오래된 술이다.

정답 : ①

**202** 다음에서 설명하는 우리나라 고유의 술은?

> 엄격한 법도에 의해 담그는 전통주이며, 신라시대부터 전해 내려오는 유상곡수라 하여 주로 상류계급에서 즐기던 것으로 중국 남방의 술인 사오싱주보다 빛깔은 더 희고 그 순수한 맛이 가히 일품이라 한다.

① 두견주
② 인삼주
③ 감홍로주
④ 경주 교동법주

경주교동법주는 우리나라 고유의 조주법으로 제조되며, 경주법주와는 다른 술이다.

정답 : ④

**203** 다음 중 중요무형문화재로 지정받은 전통주는?

① 전주 이강주
② 계룡 백일주
③ 서울 문배주
④ 한산 소곡주

문배주는 중요무형문화재 제86-1호(1986.11.01 지정)이다.

정답 : ③

**204** 다음 중 우리나라의 증류식 소주에 해당하지 않는 것은?

① 안동 소주
② 제주 한주
③ 경기 문배주
④ 금산 삼송주

금산 삼송주는 멥쌀과 인삼을 사용하는 약주이다.

정답 : ④

**205** 다음의 우리나라의 고유한 술 중 증류주에 속하는 것은?

① 경주법주
② 동동주
③ 문배주
④ 백세주

문배주는 좁쌀 누룩을 수수밥과 섞어 빚은 뒤 발효시켜 증류한 소주이다. 알코올 농도는 40% 정도이며 술의 빛깔은 누런 갈색을 띠는데, 문배나무와 비슷한 향기가 난다고 문배주라는 이름을 붙였다.

정답 : ③

**206** 다음 중 우리나라의 전통주가 아닌 것은?

① 이강주                  ② 과하주

③ 죽엽청주            ④ 송순주

---

죽엽청주는 중국의 명주이다.

정답 : ③

**207** 전통주 중 모주(母酒)에 대한 설명으로 틀린 것은?

① 조선 광해군 때 인목대비의 어머니가 빚었던 술이라고 알려져 있다.

② 증류해서 만든 제주도의 대표적인 전통주이다.

③ 막걸리에 한약재를 넣고 끓인 해장술이다.

④ 계피가루를 넣어 먹는다.

---

모주는 고려 시대부터 탁주라는 이름으로 마셨던 것으로 추정되며 모주의 유래에 대해서는 세 가지 설이 있다. 첫째는 과음하는 아들의 건강을 위해 한약재를 넣어 만든 술이 어머니의 마음이 담겼다하여 모주(母酒)라 한다는 설과 둘째, 『대동야승』에 인목대비의 어머니 노씨 부인이 광해군 때 제주도에 귀향 가서 술지게미를 재탕한 막걸리를 만들어 섬사람에게 값싸게 팔았고, 왕비의 어머니가 만든 술이라고 하여 대비모주(大妃母酒)라 부르다가 모주로 불리게 되었다는 설. 마지막 셋째, 날이 저물고 어스름할 때 몸을 따뜻하게 하고 추위를 달래기 위해 마시는 술이라 하여 저물' 모(暮)'를 붙여 모주라고 불렀다는 설이 있다.

정답 : ②

# 비알코올성 음료

비알코올성 음료는 알코올이 있어 술이라고 부르는 음료가 아닌 무알코올의 남녀노소 음용이 가능한 일반적인 음료수이다.

## 1 기호음료

차(Tea), 커피와 같이 사람들이 널리 즐기고 좋아하여 마시는 음료이다.

### (1) 차

차는 차나무의 어린잎을 원료로 가공해 만든 것으로서 제조방법, 제조시기, 발효정도, 제조공정 및 제품색 등에 따라 여러 분류가 가능하다.

#### 1) 색상에 따른 분류

| 구 분 | 차의 수색 | 차잎의 색상 | 제품종류 |
|---|---|---|---|
| 녹 차 | 녹황색 | 녹 색 | 녹차, 증제차, 용정차, 옥로차, 말차 |
| 황 차 | 연황색 | 연황색 | 군산은침, 북항모첨, 곽산황대차 |
| 백 차 | 엷은 황금색 | 백 색 | 백호은침, 백모단, 공미, 수미 |
| 우롱차 | 황갈색 | 녹갈색 | 포종차, 수선, 우롱, 철관음, 색종 |
| 홍 차 | 홍 색 | 홍갈색 | 잎차형 및 파쇄형 홍차 |
| 흑 차 | 갈홍색 | 흙갈색 | 흑전차, 청전차, 화전차, 육보차 |

#### 2) 잎을 채엽 하는 시기에 따른 분류

| 구 분 | 채엽 시기 | 특 징 |
|---|---|---|
| 첫물차 | 4월 중순 – 5월 초순 | 차의 맛이 부드럽고 감칠맛과 향이 뛰어난다. |
| 두물차 | 6월 중순 – 6월 하순 | 차의 맛이 강하고 감칠맛이 떨어진다. |
| 세물차 | 8월 초순 – 8월 중순 | 차의 떫은맛이 강하고 아린 맛이 약간 있다. |
| 네물차 | 9월 하순 – 10월 초순 | 섬유질이 많아 형상이 거칠고 맛이 떨어진다. |

### 3) 발효정도에 따른 분류

① 불(비)발효차(0%)

불발효차인 녹차류는 찻잎을 채취하여 바로 솥에서 덖거나 증기로 쪄서 엽중 산화효소의 작용을 파괴시킴으로써 발효가 일어나지 않도록 한 것이다. 가열방법에는 가마솥에서 덖는 방법, 증기로 찌는 방법 등이 있고 최근에는 마이크로파 등의 전자파를 이용하는 방법도 개발되고 있다. 녹색의 색상과 수색 그리고 신선한 풋내가 녹차의 특색이며 한국, 중국, 일본 등이 주요 생산지이다.

- 증제차 : 전차, 옥로차, 말차
- 덖음차 : 한국 전통 녹차, 용정차, 미차, 주차

② 반발효차 (10~65%)

발효정도에 따라 10% 정도인 백차류와 20%인 화차류 그리고 20~50%인 포종차, 65% 정도의 우롱차로 구분할 수 있다. 산지에 따라 중국 복건성의 민강을 중심으로 민북 우롱차와 민남 우롱차, 대만 포종차와 대만 우롱차로 분류한다.

- 백차 : 배모단, 백호은침, 공미
- 화차 : 재스민차, 장미꽃차, 계화차, 치지꽃차
- 포종차 : 철관음차, 수선, 색종, 무이, 동정우롱
- 우롱차 : 백호우롱

③ 발효차 (85% 이상)

시들리기와 발효공정을 거쳐 85% 이상 발효된 홍차는 떫은맛이 강하고, 등홍색의 수색 및 독특한 향미가 강한 차로 전세계 차 소비량의 75%를 차지한다.

- 잎차용홍차, 파쇄형홍차

④ 후발효차

발효가 전처리 공정 뒤에 일어나도록 만든 차이다.

- 황차 : 군산은침, 북항모첨, 몽정함아
- 흑차 : 보이차, 노청차, 흑모차, 육보차

| 6대 차 | | | | | |
|---|---|---|---|---|---|
| 백 차 | 녹 차 | 황 차 | 청차(우롱차) | 홍 차 | 흑 차 |
| 자연산화차 | 비산화차 (비발효차) | 경미발효차 | 부분산화차 (반발효차) | 완전산화차 (발효차) | 후발효차 |

## (2) 커피

커피는 세계 50개국에서 생산되며 이 지역을 커피존(Coffee Zone) 또는 커피벨트(Coffee Belt)라 하는데, 북위 25°와 남위 25° 사이의 국가를 말한다. 라틴 아메리카에 속하는 멕시코, 온두라스, 코스타리카, 콜롬비아, 쿠바, 과테말라, 브라질과 아프리카 및 아라비아에 속하는 에티오피아, 케냐, 탄자니아, 짐바브웨 그리고 아시아 태평양 지역인 베트남, 인도, 인도네시아가 커피벨트 지역에 속한다.

커피의 3대 원종은 아라비카종이 세계 총생산량의 70~80%, 로부스타종이 20~30%를 차지하고 있으며, 꽃과 열매가 불규칙적이어서 경제성이 없는 리베리카종이 오직 1% 미만을 차지하고 있다. 때문에 최근엔 아라비카종과 로부스타종으로만 구분하기도 한다.

커피열매인 커피체리 안에 있는 생두(Green Bean)를 볶고(Roasting), 섞고(Blending), 가루를 내는(Grinding) 과정에서 커피의 향과 맛이 결정된다. 커피 추출방식은 여러 가지가 있는데, 모든 커피의 기본이 되는 카페 에스프레소를 추출하는 에스프레소 머신을 이용하는 방식이 대표적이다. 카페 에스프레소 커피의 특징은 황금색의 크레마가 추출된다는 것이다. 카페 에스프레소 커피 한 잔의 용량 약 1oz(30ml)를 20~30초 사이에 추출하여 일반 커피 잔의 1/2 크기인 데미타세라는 에스프레소용 작은 커피 잔에 채운다.

에스프레소 커피 메뉴에는 리스트레토, 룽고, 도피오, 아메리카노가 있다. 에스프레소 커피를 이용하여 만든 커피메뉴를 베리에이션 커피라고 하는데, 대표적으로 스팀우유를 이용해 카페 카푸치노 또는 카페라떼를 만든다.

또한, 대표적인 추출 방식 중에서 핸드 드립 방식은 사용되는 원두의 신선도가 중요하기 때문에 갓 볶은 원두를 사용하며 다양한 드리퍼를 이용한다. 커피는 커피나무에 열리는 커피열매(Cherry)의 씨를 말하며 이 씨를 원두(Coffee Bean)라 한다. 원두는 생두(Green Bean)와 볶은 원두(Roasted Bean)로 구분한다.

## 1) 커피 원종 분류

커피는 열대산 상록관목으로 200종 이상의 품종이 있는데 그 중에는 '3대 원종'이라 불리는 에티오피아의 아라비카종, 콩고의 로부스타종, 아프리카 서해안 리베리아의 리베리카종이 있다.

| 커피품종 | 아라비카(Arabica) | 로부스타(Robusta) | 리베리카(Liberica) |
|---|---|---|---|
| 원산지 | 아프리카 에티오피아 | 아프리카 콩고 | 아프리카 리베리아 |
| 생산량 | 약 70% | 약 20~30% | 소 량 |
| 기 온 | 15~24℃ | 24~30℃ | 15~30℃ |
| 생두 모양 | 납작한 타원형 | 둥글고 길이가 짧은 타원형 | 양끝이 뾰족한 모양 |
| 생산국가 | 브라질, 콜롬비아, 페루, 자메이카, 베네수엘라, 코스타리카, 엘살바도르, 인도네시아, 에티오피아, 케냐, 인도 등 | 콩고, 우간다, 베트남, 카메룬, 마다가스카르, 인도, 타이 등 | 리베리아, 수리남, 코트디브와르 등 |

## 2 영양음료

영양음료는 건강에 도움을 줄 수 있는 영양성분이 많이 함유된 음료를 말하는데, 일반적으로 영양음료라고 할 수 있는 것은 주스류와 우유류이다. 영양음료의 주스류에는 오렌지주스, 토마토주스, 파인애플주스, 사과주스 등이 있으며 우유류에는 생우유, 가공유, 발효유, 유산균음료 등이 있다.

## 3 청량음료

청량음료는 이산화탄소가 들어있어 맛이 산뜻하고 시원한 음료를 통틀어 이르는 말로 탄산음료라고 말하지만 이산화탄소가 들어가지 않는 무탄산음료도 있다.

1780년경부터 탄산음료가 만들어졌으며 시럽과 물을 먼저 섞고 여기에 이산화탄소를 가압·용해시키는 방법을 사용한다. 탄산음료에서 사용되는 향료는 인산, 콜라, 시트르산 등이 있다.

– 탄산음료 : 콜라, 토닉 워터 (Tonic Water), 진저에일 (Ginger Ale), 소다수 (Soda Water)

– 무탄산음료 : Mineral Water(미네랄 워터), 광천수인 프랑스 Vicky Water(비키 워터), Evian Water(에비앙 워터), 독일의 위스바데지역의 광천수인 Seltzer Water(셀처 워터)가 있다.

**208** 다음 중 비알코올성 음료의 분류가 아닌 것은?

① 기호음료  ② 청량음료
③ 영양음료  ④ 유성음료

---

유성음료는 청량음료에 속한다.

정답 : ④

**209** 음료류의 식품유형에 대한 설명으로 틀린 것은?

① 탄산음료 : 먹는 물에 식품 또는 식품첨가물(착향료 제외) 등을 가하고 탄산가스를 주입한 것을 말한다.
② 착향탄산음료 : 탄산음료에 식품첨가물(착향료)을 주입한 것을 말한다.
③ 과실음료 : 농축과실즙(또는 과실분), 과실주스 등을 원료로 하여 가공한 것(과실즙 10% 이상)을 말한다.
④ 유산균음료 : 유가공품 또는 식물성 원료를 효모로 발효시켜 가공(살균을 포함)한 것을 말한다.

---

• 탄산음료란 먹는 물에 식품 또는 식품첨가물(착향료 제외) 등을 가하고 탄산가스를 주입한 것을 말한다. 착향탄산음료란 탄산음료에 식품첨가물(착향료)을 주입한 것을 말한다.
• 과실음료란 농축과실즙(또는 과실분), 과실주스 등을 원료로 하여 가공한 것(과실즙 10% 이상)을 말한다.
• 유산균음료란 유산균을 배양하여 유산 · 발효시킨 것에 살균수를 가해서 희석한 후 당분. 향료 등을 가해 용기에 충전한 것을 말한다.

정답 : ④

**210** 다음 중 소프트 드링크(Soft Drink)에 해당하는 것은?

① 콜라  ② 위스키
③ 와인  ④ 맥주

---

알코올을 함유하지 않거나 저(低)알코올 음료를 소프트 드링크라 하고 이와 반대로 알코올을 함유한 음료를 하드 드링크라 한다. 소프트 드링크의 종류로는 탄산음료, 과즙음료, 젖산음료, 커피, 코코아, 그 밖에 우유나 달걀 · 크림 등을 사용한 음료가 있다. 이름 끝에 에이드 · 스쿼시 · 플로트 · 셰이크 등의 말이 붙는 것은 각기 조합 재료를 나타내는 것이다.

정답 : ①

**211** 다음 중 기호음료(Tasting Beverage)가 아닌 것은?

① 오렌지주스(Orange Juice)  ② 커피(Coffee)
③ 코코아(Cocoa)  ④ 티(Tea)

---

오렌지주스는 영양음료이며, 기호음료로는 커피류의 에스프레소, 카페오레 등, 차류의 홍차, 녹차 등이 있다.

정답 : ①

**212** 다음 중 기호음료로 옳은 것은?

① Fruit Juice

② Vegetable Juice

③ Milk

④ Tea, Coffee

정답 : ④

**213** 발효방법에 따른 차의 분류가 잘못 연결된 것은?

① 비발효차-녹차

② 반발효차-우롱차

③ 발효차-말차

④ 후발효차-흑차

─────────────────────────────

말차는 비발효차이며 일본가루차로서 가루녹차에 해당한다. 녹차는 비발효차에 속하기 때문에 말차도 비발효차에 속한다. 발효차로는 홍차가 있다.

정답 : ③

**214** 다음 중 차의 분류가 옳게 연결된 것은?

① 발효차-얼그레이

② 불발효차-보이차

③ 반발효차-녹차

④ 후발효차-재스민

─────────────────────────────

얼 그레이는 홍차로, 홍차는 발효가 된 차에 속한다. 녹차는 불(비)발효차, 보이차는 후발효차, 재스민은 반발효차이다.

정답 : ①

**215** 차와 코코아에 대한 설명으로 틀린 것은?

① 차는 보통 홍차, 녹차, 청차로 분류된다.

② 차의 등급은 잎의 크기나 위치 등에 크게 좌우된다.

③ 코코아는 카카오 기름을 제거하여 만든다.

④ 코코아는 사이펀(Siphon)을 사용하여 만든다.

─────────────────────────────

코코아는 카카오나무의 열매를 빻아 만든 가루이며, 사이펀은 커피를 우려내는 방식에서 사용하는 커피 조리기구이다.

정답 : ④

**216** 제조방법상 발효 방법이 다른 차(Tea)는?

① 한국의 작설차

② 인도의 다르질링(Darjeeling)

③ 중국의 기문차

④ 스리랑카의 우바(Uva)

─────────────────────────────

한국의 작설차는 비발효차이며 그 외는 발효차이다.

정답 : ①

**217** 차나무의 분포 지역분포지역을 가장 잘 표시한 것은?

① 남위 20° ~ 북위 40° 사이의 지역

② 남위 23° ~ 북위 43° 사이의 지역

③ 남위 26° ~ 북위 46° 사이의 지역

④ 남위 25° ~ 북위 50° 사이의 지역

---

차나무의 분포 경계선은 북방한계는 북위 45°에 위치한 러시아의 크라스노다르이며 남방한계는 남위 30°에 가까운 산둥반도이다.

정답 : ②

**218** 차를 만드는 방법에 따른 분류와 대조적인 차의 연결이 틀린 것은?

① 불발효차-보성녹차

② 반발효차-오룡차

③ 발효차-다르질링차

④ 후발효차-재스민차

---

발효차와 후발효차의 차이는 미생물을 이용한 성분 변화 과정에 있다. 홍차 등의 발효는 미생물의 개입이 없기 때문에 홍차의 발효는 산화라고 불러야 하며 흑차, 보이차 등 미생물에 의한 발효차는 Post-Fermented, 후발효차나 혹은 미생물 발효차라고 한다. 중국차의 대명사라 할 수 있는 오룡, 철관음, 청차, 재스민차 등은 10~70% 발효시킨 반발효차이다.

정답 : ④

**219** 커피 컵 중 데미타세(Demitasse) 컵의 크기는?

① 일반 커피 잔의 1/2 크기

② 일반 커피 잔의 1/3 크기

③ 일반 커피 잔과 동일한 크기

④ 5oz 용량의 크기

---

데미타세 컵은 에스프레소용의 작은 커피 잔이다. 일반 커피 잔의 1/2 크기이다.

정답 : ①

**220** 커피는 음료의 어느 부문에 속하는 음료인가?

① 알코올성 음료

② 기호음료

③ 영양음료

④ 청량음료

정답 : ②

**221** 커피에 대한 설명으로 틀린 것은?

① 아라비카종의 원산지는 에티오피아이다.
② 초기에는 약용으로 음용하기도 했다.
③ 발효와 숙성과정을 통하여 만들어진다.
④ 카페인이 중추신경을 자극하여 피로감을 없애준다.

---

커피의 3대 원종은 아라비카종(에티오피아), 로부스타종(콩고), 리베리카종(리베리아)이 있다. 발효와 숙성과정을 통하여 만들어지는 음료는 와인이다.

정답 : ③

**222** 커피의 3대 원종이 아닌 것은?

① 아라비카종
② 로부스타종
③ 리베리카종
④ 수마트라종

---

커피는 아라비카종이 세계 총생산량의 70~80%, 로부스타종이 20~30%를 차지하고 있으며, 꽃과 열매가 불규칙적이어서 경제성이 없는 리베리카종이 1% 미만을 차지하고 있다. 때문에 요즘은 아라비카종과 로부스타종만으로 구분하기도 한다.

정답 : ④

**223** 커피의 품종이 아닌 것은?

① 아라비카(Arabica)
② 로브스타(Robusta)
③ 리베리카(Riberica)
④ 얼 그레이(Earl Grey)

---

얼 그레이(Earl Grey)는 홍차의 한 종류이다.

정답 : ④

**224** 다음 중 커피의 맛과 향을 결정하는 중요 가공 요소가 아닌 것은?

① Roasting
② Blending
③ Grinding
④ Maturating

---

볶고(Roasting), 섞고(Blending), 가루를 내는 과정(Grinding)에서 커피의 향과 맛이 결정된다. Maturating(숙성)은 와인 가공에 해당한다.

정답 : ④

**225** 커피 재배지라고 불리는 '커피벨트(Coffee Belt)'로 알맞은 설명은?

① 북위 20°와 남위 20° 사이를 말한다.

② 북위 30°와 남위 30° 사이를 말한다.

③ 북위 30°와 남위 20° 사이를 말한다.

④ 북위 25°와 남위 25° 사이를 말한다.

---

커피는 세계 50개국에서 생산되며 이 지역을 커피존(Coffee Zone) 또는 커피벨트(Coffee Belt)라 하는데, 북위 25°와 남위 25° 사이의 국가를 말한다. 라틴아메리카에 속하는 멕시코, 온두라스, 코스타리카, 콜롬비아, 쿠바, 과테말라, 브라질이며 아프리카 및 아라비아에 속하는 에티오피아, 케냐, 탄자니아, 짐바브웨 그리고 아시아 태평양 지역인 베트남, 인도, 인도네시아가 커피벨트 지역에 속한다.

정답 : ④

**226** 커피를 재배하기에 적합한 기후와 토양을 가지고 있어 커피벨트(커피존)라고 불리는 지역은?

① 적도 ~ 남위 25° 사이의 지역

② 북위 25° ~ 남위 25° 사이의 지역

③ 북위 25° ~ 적도 사이의 지역

④ 남위 25° ~ 남위 50° 사이의 지역

정답 : ②

**227** 다음 중 카페라떼(Cafe Latte)의 재료로 알맞은 것은?

① 에스프레소 20~30ml, 스팀밀크 120ml, 계피 가루 약간

② 에스프레소 20~30ml, 스팀밀크 120ml

③ 에스프레소 20~30ml, 스팀밀크 120ml, 캐러멜 시럽 30ml

④ 에스프레소 20~30ml, 스팀밀크 120ml, 화이트 초코 시럽 30ml

---

커피 메뉴는 기본 에스프레소에서 스팀밀크가 들어가면 카페라떼가 된다.

정답 : ②

**228** 커피(Coffee)의 제조 방법 중 틀린 것은?

① 드립식(Drip Filter)

② 퍼콜레이터식(Percolator)

③ 에스프레소식(Espresso)

④ 디캔터식(Decanter)

---

커피 제조방법에는 디캔터식이 없다.

정답 : ④

**229** 에스프레소 추출 시 너무 진한 크레마(Dark Crema)가 추출되었을 때 그 원인이 아닌 것은?

① 물의 온도가 95℃보다 높은 경우

② 펌프압력이 기준압력보다 낮은 경우

③ 포터필터의 구멍이 너무 큰 경우

④ 물 공급이 제대로 안 되는 경우

---

크레마(Crema)는 에스프레소 위에 뜨는 거품을 말하며 필터이 구멍이 클수록 과소추출, 구멍이 작을수록 과다추출된다.

정답 : ③

**230** 커피의 향미를 평가하는 순서로 가장 적합한 것은?

① 미각(맛) → 후각(향기) → 촉각(입안의 느낌)

② 시각(색) → 촉각(입안의 느낌) → 미각(맛)

③ 촉각(입안의 느낌) → 미각(맛) → 후각(향기)

④ 후각(향기) → 미각(맛) → 촉각(입안의 느낌)

정답 : ④

**231** 다음 중 그 종류가 다른 하나는?

① Vienna Coffee

② Cappuccino Coffee

③ Espresso Coffee

④ lrish Coffee

---

Irish Coffee는 위스키가 가미된 칵테일 커피로 뜨겁게 마시는 칵테일이다.

정답 : ④

**232** 핸드 드립 커피의 특성이 아닌 것은?

① 비교적 제조 시간이 오래 걸린다.

② 대체로 메뉴가 제한된다.

③ 블렌딩한 커피만을 사용한다.

④ 추출자에 따라 커피 맛이 영향을 받는다.

---

핸드 드립에 사용되는 원두는 신선도가 중요하기 때문에 갓 볶은 단일 품종 원두를 사용한다.

정답 : ③

**233** 커피 로스팅의 정도를 약 → 강 순서대로 나열한 것으로 옳은 것은?

① American Roasting → German Roasting → French Roasting → Italian Roasting

② German Roasting → Italian Roasting → American Roasting → French Roasting

③ Italian Roasting → German Roasting → American Roasting → French Roasting

④ French Roasting → American Roasting → Italian Roasting → German Roasting

정답 : ①

**234** 물로 커피를 추출할 때 사용하는 도구가 아닌 것은?

① Coffee Urn　　　　　　　② Siphon
③ Dripper　　　　　　　　④ French Press

---

커피 언(Coffee Urn)은 50~100잔 추출이 가능한 대용량 커피 메이커이다.

정답 : ①

**235** 다음 품목 중 청량음료(Soft Drink)에 속하는 것은?

① 탄산수(Sparkling Water)　　② 생맥주(Draft Beer)
③ 탐 콜린스(Tom Collins)　　④ 진 피즈(Gin Fizz)

정답 : ①

**236** 탄산음료의 $CO_2$에 대한 설명으로 틀린 것은?

① 미생물의 발육을 억제한다.
② 향기의 변화를 예방한다.
③ 단맛과 부드러운 맛을 부여한다.
④ 청량감과 시원한 느낌을 준다.

---

이산화탄소와 맛은 무관하다.

정답 : ③

**237** 다음 중 탄산음료(Carbonated Drink)가 아닌 것은?

① Collins Mixer　　　　　② Soda Water
③ Ginger Ale　　　　　　④ Grenadine Syrup

---

그레나딘 시럽은 석류를 원료로 한 시럽이다.

정답 : ④

**238** 다음 중 탄산음료의 종류가 아닌 것은?

① 진저 에일　　　　　　　② 콜린스 믹스
③ 토닉 워터　　　　　　　④ 리까르

---

리까르는 야니스 향이 가득한 프랑스 마르세유의 술이다.

정답 : ④

**239** 탄산음료에서 탄산가스의 역할로 옳지 않은 것은?

① 당분 분해　　　　　　　② 청량감 부여
③ 미생물의 발효 저지　　　④ 향기의 변화 보호

정답 : ①

**240** 다음에서 설명하는 음료로 옳은 것은?

> 탄산가스와 무기염료가 함유된 탄산수로 천연광천수와 인공적으로 가공하여 만든 것
> 2가지가 있다. 주로 하이볼 종류의 칵테일을 만들 때 사용하며, 연하고 작은 거품이
> 나고 가스의 지속성이 좋아서 시원함을 느끼게 하는 탄산음료이다.

① 콜린스 믹스　　　　　　② 콜라
③ 소다수　　　　　　　　④ 에비앙

정답 : ③

**241** 다음의 소다수에 대한 설명 중 틀린 것은?

① 인공적으로 이산화탄소를 첨가한다.
② 식욕을 돋우는 효과가 있다.
③ 레몬에이드 만들 때 넣으면 청량감 효과가 있다.
④ 과즙과 설탕, 알코올을 넣어 제조한다.

---

소다수는 무기염료에 탄산가스를 넣어 제조한다.

정답 : ①

**242** 수분과 이산화탄소로만 구성되어 식욕을 돋우는 효과가 있는 음료는?

① Mineral Water
② Soda Water
③ Plain Water
④ Cider

정답 : ②

**243** 다음 중 Ginger Ale에 대한 설명으로 틀린 것은?

① 생강의 향이 나는 소다수이다.
② 알코올 성분이 포함된 영양음료이다
③ 식욕 증진이나 소화제로 효과가 있다.
④ Gin이나 Brandy와 조주하여 마시기도 한다.

진저에일(Ginger Ale)은 생강이 주원료인 소다수로 식욕 증진 및 소화제의 효과가 있다. 알코올 성분이 포함되지 않은 청량음료로, 증류주인 진이나 브랜디와 혼합하여 칵테일을 만든다.

정답 : ②

**244** 다음 중 생강을 주원료로 하여 만든 탄산음료는?

① Soda Water
② Tonic Water
③ Perrier Water
④ Ginger Ale

Ginger란 영어로 생강이란 뜻이다. Ginger Ale은 생강에 당분, 탄산가스 등을 넣은 음료이다.

정답 : ④

**245** 다음 중 콜라에 대한 설명으로 틀린 것은?

① 서아프리카가 원산지이다.
② 탄산 성분은 자연발효 중 생성된다.
③ 콜라나무 열매에서 추출한 농축액을 가공하여 만든다.
④ 콜라나무 종자에는 커피보다 2~3배 많은 카페인과 콜라닌이 들어 있다.

콜라는 캐러멜로 색상을 내고 카페인이 들어간 달콤한 탄산음료로, 콜라라는 이름은 초기에 카페인을 넣기 위해 콜라나무의 열매를 사용한 것에서 비롯되었다.

정답 : ②

**246** 다음 토닉 워터(Tonic Water)에 대한 설명으로 틀린 것은?

① 무색투명한 음료이다.
② Gin과 혼합하여 즐겨 마신다.
③ 식욕 증진과 원기를 회복시키는 강장제 음료이다.
④ 주로 구연산, 감미료, 커피향을 첨가하여 만든다.

토닉 워터는 영국에서 발명한 무색투명한 음료로서 Gin과 결합한 탄산음료 중 하나이다. 레몬, 라임, 오렌지, 키니네 등으로 진액을 만들고 당분을 배합하여 열대지방에서 일하는 노동자들의 식욕 증진과 원기 회복을 위해 제조되었다. 토닉워터는 액상과당, 백설탕, 탄산가스, 구연산, 합성착향료, 구연산나트륨 등으로 만든 음료이며 커피와는 무관하다.

정답 : ④

**247** 다음에서 설명하는 음료로 옳은 것은?

> 영국에서 발명한 무색투명한 음료로 레몬, 라임, 오렌지, 키니네 등으로 진액을 만들어 당분을 배합한 것이다. 시작은 열대지방에서 일하는 노동자들의 식욕 부진과 원기를 회복하기 위해 제조되었던 것인데, 2차 세계대전 후 진(Gin)과 혼합해 진 토닉으로 만들어 세계적인 음료로 환영받고 있다.

① 미네랄 워터(Mineral Water)
② 사이다(Cider)
③ 토닉 워터(Tonic Water)
④ 콜린스 믹스(Collins Mix)

정답 : ③

**248** 영국에서 발명했으며 무색투명하고 키니네가 함유된 청량음료는?

① Cider
② Cola
③ Tonic Water
④ Soda Water

---

Tonic Water는 탄산수에 키니네, 기타 향료, 액상과당 등을 넣어 만든 강장음료이다.

정답 : ③

**249** Tonic Water에 대한 설명으로 옳은 것은?

① 레몬, 라임, 오렌지, 키니네 껍질 등으로 만든 즙에 당분을 첨가한 음료이다.
② 커피의 향과 맛을 첨가하여 소화를 도와주고 정신을 맑게 하는 음료이다.
③ 사과를 발효하여 만든 음료로서 알코올 6%이다.
④ 소다수에 레몬주스와 당분을 섞어서 만든 음료이다.

정답 : ①

**250** 다음 중 비탄산성 음료로 옳은 것은?

① Mineral Water
② Soda Water
③ Tonic Water
④ Cider

---

미네랄 워터(Mineral Water)는 기포가 발생하지 않는 비탄산성음료이며 대체로 물을 의미한다.

정답 : ①

# 칵테일(Cocktail)

칵테일에 대한 유래는 정확하지 않지만 몇 가지 전해 오는 유래가 있으며 기본적으로 칵테일이 여러 가지 음료를 혼합해서 음용하는 음료라는 것은 사실이다.

– 유래 1. 멕시코의 항구 도시인 칸페라에서 선원을 대상으로 음료를 판매하던 사람에게 영국 선원이 이것이 무슨 음료인가 질문하였다. 판매원은 Cola De Gallo라고 대답하였고, 스페인어로 수탉의 꼬리라는 뜻이었던 이 말이 어원이 되어 칵테일(Cocktail)이 되었다.

– 유래 2. 미국의 켄터키 지방에서 투계(닭싸움)로 인한 내기가 있었다. 내기에서 진 사람은 화가 나서 여러 종류의 술을 섞어 패배한 닭의 꼬리 깃털을 뽑아 술잔에 넣어서 마셨는데, 내기의 패배자끼리 'Cock's Tail'이라고 하며 나누어 마신 이 술을 칵테일이라고 하였다.

– 유래 3. 영국 탐험가들이 여러 지역의 토속적인 술을 혼합하고 새의 깃털과 비슷한 나무뿌리를 사용해 마셨다. 그 후 영국으로 들어와 여행 중에 마셨던 이 술을 소개하면서 칵테일이 만들어졌다.

칵테일 유래는 1795년쯤 미국 뉴올리언스로 이주한 페이쇼라는 프랑스인 약사가 달걀 등을 넣은 음료를 혼합하고 프랑스어로 Coquetier라고 부른 데서 비롯되었다는 설이 유력하지만 혼합한 술에 닭의 꼬리깃털(Cock-Tail)이 올라가 만들어졌다는 등의 설도 있다. 그러나 혼합음료를 만들어 마시는 음료문화는 인도나 페르시아의 펀치라는 음료에서 시작되었고 스페인에 의해서 유럽으로 전파되었다고 한다.

칵테일은 주류, 음료, 첨가물 등을 섞어 만든 혼합주로 정의하며, 무알코올 칵테일도 만들어지는데 이 무알코올 칵테일은 목테일(Mocktail, Mock과 Cocktail의 합성어)이라고 부르기도 한다. 칵테일의 매력은 마시는 사람의 기호와 취향에 맞추어 독특한 맛과 빛깔을 낼 수 있다는 것이며 그 맛은 Dry, Sweet, Sour 세 가지로 표현한다.

112 —— 조주기능사 한권으로 합격하기

## 1 칵테일의 분류

### (1) 식사에 따른 분류

- 식전 칵테일(Aperitif Cocktail) : 식전주로 단맛이 없는 칵테일이다.
  - 드라이 마티니(Dry Martini), 맨하탄(Manhattan), 캄파리 소다(Cmparri Soda) 등
- 식후 칵테일(After Dinner Cocktail) : 식후주이며 단맛이 있는 칵테일이다.
  - 알렉산더(Alexander), 아이리쉬 커피(Irish Coffee), 스팅어(Stinger) 등

### (2) 용량에 따른 분류

- Long Drink : 긴 시간에 걸쳐 나누어 마시는 칵테일로, Fizz, Collins, Sour, Punch 등이 있다.
- Short Drink : 비교적 짧은 시간 내에 마시는 칵테일로, Martini, Manhattan 등이 있다.

### (3) 스타일에 따른 분류

- Highball : 증류주에 탄산음료나 물을 섞어 하이볼 글라스에 만드는 칵테일
- Fizz : 진, 리큐어 등을 베이스로 레몬주스 소다수 등을 섞어 과일 장식 후 하이볼 글라스에 제공하는 칵테일
- Sour : 증류주에 레몬주스와 소다수를 섞어 사워 글라스에 제공하는 칵테일
- Collins : 술에 레몬이나 라임즙, 설탕을 넣고 소다수로 채워서 콜린스 글라스에 제공하는 칵테일
- Toddy : 뜨겁거나 차가운 물에 설탕과 술을 넣어 만든 칵테일
- Sling : 피즈와 유사하나 피즈보다 용량이 많고 리큐어를 첨가해서 만드는 칵테일
- Punch : 파티 등에서 여러 재료를 혼합하여 떠먹는 칵테일
- Frappe : 가루얼음(Crushed Ice)을 칵테일 글라스에 채우고 술을 부어서 만드는 칵테일

## 2 칵테일 만드는 기법

칵테일은 바텐더에 따라 표현할 수 있는 기술이 있지만 조주기능사 실기시험에서 요구하는 조주 방법은 빌딩, 스터링, 셰이킹, 플로팅, 블렌딩 기법이다.

- 빌딩(Building) 기법 : 직접 넣는 기법으로, 사용할 잔에 바 스푼과 지거를 이용하여 조주한다.

- 스터링(Stirring) 기법 : 휘젓는 방법으로, 혼합 및 냉각을 목적으로 하며 믹싱글라스, 스트레이너, 바 스푼, 지그를 사용하여 비교적 잘 섞이는 음료의 조주에 사용되는 기법이다.
- 셰이킹(Shaking) 기법 : 흔드는 기법으로 용해, 혼합, 냉각을 목적으로 한다. 잘 섞이지 않거나 비중이 다른 음료들을 혼합할 때 셰이커를 사용하지만 탄산이 함유된 음료의 제조에는 부적합한 기법이다.
- 플로팅(Floating) 기법 : 비중 차이를 이용하여 음료 위에 음료를 층(Layer)이 생기도록 띄우는 기법이다.
- 블렌딩(Blending) 기법 : 혼합하기 어려운 재료를 섞거나 프로즌 스타일의 칵테일을 만들 때 블렌더(믹서기)를 사용하는 기법이다.

  ※ Straight Up(스트레이트 업) : 얼음을 넣지 않은 상태로 마시는 것을 말한다.

## 3 칵테일 부재료

칵테일 조주에 사용하는 부재료 종류는 바텐더가 선택할 수 있지만 보편적으로 사용되는 부재료는 다음과 같다.
- 진저에일(Ginger Ale) : 생강향이 함유된 청량음료이다.
- 토닉워터(Tonic Water) : 키니네 껍질이 함유된 청량음료로 영국에서 식욕 증진과 피로회복을 목적으로 개발한 음료이다.
- 콜린스 믹스(Collins Mix) : 레몬과 설탕이 주원료인 청량음료이다.
- 넛메그(Nutmeg) : 칵테일에 들어간 계란이나 크림, 유제품 등의 비린맛을 제거할 때 사용하는 유두구라는 콩과 식물이다.
- 계피(Cinnamon) : 주로 뜨거운 칵테일에 향을 내기 위해 사용한다.
- 민트(Mint) : 박하향을 내며 재료나 가니쉬로 사용한다.
- 그레나딘 시럽(Grenadine Syrup) : 당밀에 석류를 원료로 만든 시럽으로, 칵테일의 붉은 색과 감미를 위해 사용한다.
- 메이플 시럽(Maple Syrup) : 사탕단풍나무의 수액을 농축한 시럽이다.
- 플레인 시럽(Plain Syrup) : 심플 시럽 또는 캔 슈가 시럽이라고도 불리며, 물과 설탕이 원료이다.
- 사이다(Cider) : 우리나라에서는 탄산가스가 함유된 무색의 비알콜성 탄산음료이지만 유럽에서는 사과로 만든 술을 의미한다.

## 4 칵테일 장식법

칵테일은 마시는 것 자체도 중요하지만 어울리는 장식을 하는 것 역시 중요한데, 식재료가 풍부한 요즈음에는 칵테일 장식에 많은 노력을 기울인다. 음식에서는 데코레이션이라고 칭하지만 칵테일에서는 가니쉬(Garnish)라고 부르며, 장식의 역할은 칵테일에 색상 및 향미를 추가하여 칵테일의 매력을 높여주는 데 있다. 칵테일은 동일한 레시피를 사용했더라도 사용하는 장식에 따라 붙여지는 이름이 다르다.

※ 프로스팅(Frosting) 또는 리밍(Rimming) : 잔(Glass) 테두리(Lip)에 설탕이나 소금 등으로 장식 하는 방법이다.

## 5 칵테일 잔과 기구

- 셰이커(Shaker) : 캡(Cap), 스트레이너(Strainer), 바디(Body) 세 부분으로 구성된다.
- 믹싱 글라스(Mixing Glass) : 가볍게 저어주는 칵테일을 만들 때 사용하며, 사용 시 얼음이 글라스에 들어가지 않도록 주의한다.
- 지거(Jigger) : 표준 계량컵으로 30ml와 45ml의 용량이다.
- 바 스푼(Bar Spoon) : 믹싱 글라스에 재료를 혼합하거나 소량 계량용 그리고 플로팅 기법 등에 사용된다.
- 푸어러(Pourer) : 술병 입구에 끼워 사용하며 쏟아지는 양 조절에 용이하다.
- 머들러(Muddler) : 칵테일의 재료를 으깨거나 혼합하는 도구이다.
- 스토퍼(Stopper) : 사용 후 남은 음료를 보관할 때 사용되는 기물이다.
- 칵테일 픽(Cocktail Pick) : 장식으로 쓰는 올리브나 체리 등을 꽂을 때 사용하는 핀이다.
- 스퀴저(Squeezer) : 레몬, 오렌지 등의 즙을 짤 때 사용하는 기구이다.
- 아이스 페일(Ice Pail) : 얼음을 담는 통이다.
- 아이스 텅(Ice Tongs) : 얼음을 집는 집게이다.
- 아이스 스쿱(Ice Scope) : 제빙기에서 얼음을 퍼내는 도구이다.
- 코르크 스크류(Cork Screw) : 와인의 코르크 마개를 제거하는 도구이다.
- Coaster(코스터) : 칵테일 조주 후 잔을 받쳐주는 받침대이며 재질은 물이 흡수될 수 있는 종이나 헝겊류로 사용한다.
- 칵테일 디캔터 : 위스키 등을 주문했을 때 탄산음료나 물을 제공하는 용기이다.

| 계량 단위 | 환산 단위 |
|---|---|
| 1drop(드롭) | 1방울(약 1/32oz) |
| 1dash(대시) | 5~6방울 |
| 1tsp(Tea Spoon, 티 스푼) | 1/8oz |
| 1tbsp(Table Spoon, 테이블 스푼) | 1/2oz |
| 1oz (Ounce 온스) | 30ml |
| 1pony(포니) | 1oz |
| 1jigger(지거) | 1과 1/2oz |
| 1cup(컵) | 8oz |
| 1pint(핀트) | 16oz, 0.5quart |
| 1quart(쿼터) | 32oz |

※ 칵테일 도수 계산법

$$\frac{(\text{재료 알코올 도수} \times \text{사용량}) + (\text{재료 알코올 도수} \times \text{사용량})}{\text{총사용량}}$$

※ 프루프(Proof) : 미국과 영국에서 주로 사용되는 주정도 단위이며 우리가 사용하는 주정도 단위 %의 2배로 표시한다. 예를 들면 80proof는 40%로, 40%는 80proof로 환산된다.

**251** 칵테일에 대한 설명으로 틀린 것은?

① 식욕을 증진시키는 윤활유 역할도 한다.
② 감미를 포함시켜 아주 달게 만들어 마시기 쉬워야 한다.
③ 식욕 증진과 동시에 마음을 자극해 분위기를 만들어야 한다.
④ 제조 시 재료의 넣는 순서에 유의해야 한다.

칵테일은 마시는 시간에 따라 식전주, 식후주로 나누는데 달콤함 맛의 칵테일은 식후주로, 단맛이 없는 칵테일
은 식전주로 이용된다.

정답 : ②

**252** 칵테일의 종류에 따른 설명으로 틀린 것은?

① Fizz : 진, 리큐르 등을 기주로 하여 설탕, 진, 레몬주스, 소다수 등을 첨가한다.
② Collins : 술에 레몬이나 라임즙, 설탕을 넣고 소다수로 채운다.
③ Toddy : 뜨겁거나 차가운 물에 설탕과 술을 넣어 만든다.
④ Julep : 레몬 껍질이나 오렌지 껍질을 넣는다.

Julep은 민트 줄기로 만든 칵테일이다.

정답 : ④

**253** 맛에 따른 칵테일 분류에 해당하지 않는 것은?

① 스위트 칵테일                          ② 사워 칵테일
③ 슬링 칵테일                            ④ 드라이 칵테일

칵테일을 맛에 의해 분류하면 스위트(Sweet), 사워(Sour), 드라이(Dry)로 구분한다.

정답 : ③

**254** 다음 중 Hot Drink Cocktail이 아닌 것은?

① God Father                           ② Irish Coffee
③ Jamaican Coffee                      ④ Tom And Jerry

God Father 칵테일은 '대부'라는 묵직한 이름답게 스카치 위스키를 베이스로 한 칵테일로, 아마레또의 리큐르
와 스카치 위스키로 간단하게 조주가 가능한 칵테일이다.

정답 : ①

**255** 다음 중 뜨거운 칵테일로 옳은 것은?

① Irish Coffee  ② Pink Lady
③ Pina Colada  ④ Manhattan

아이리쉬 커피는 따뜻한 칵테일이다.

정답 : ①

**256** 주로 추운 계절에 추위를 녹이기 위하여 외출이나 등산 후에 따뜻하게 마시는 칵테일로 가장 거리가 먼 것은?

① Irish Coffee  ② Tropical Cocktail
③ Rum Grog  ④ Vin Chaud

Tropical Cocktail은 과일이 들어가는 여름용 칵테일이다.

정답 : ②

**257** 뜨거운 물 또는 차가운 물에 설탕과 술을 넣어서 만든 칵테일은?

① Toddy  ② Punch
③ Sour  ④ Sling

Toddy : 독한 술에 설탕과 차갑거나 뜨거운 물, 때로는 향신료도 넣어 만든 술
Punch : 과일즙에 설탕, 증류주 등을 섞은 음료
Sour : 신맛이 나는 음료
Sling : 진, 브랜디, 위스키 등에 과즙 · 설탕물, 향료 등을 가미한 음료

정답 : ①

**258** Long Drink에 대한 설명으로 틀린 것은?

① 주로 텀블러 글라스, 하이볼 글라스 등으로 제공한다.
② 탐 콜린스, 진 피즈 등이 속한다.
③ 일반적으로 한 종류 이상의 술에 청량음료를 섞는다.
④ 무알코올성 음료의 총칭이다.

Long Drink는 용량이 큰 잔에 담아 나오는 차가운 음료를 총칭한다.

정답 : ④

**259** 다음 중 Long Drink에 해당하는 것은?

① Side Car  ② Stinger
③ Royal Fizz  ④ Manhattan

정답 : ③

**260** 다음 중 칵테일 레시피(Recipe)를 보고 알 수 없는 것은?

① 칵테일의 색깔
② 칵테일의 분량
③ 칵테일의 성분
④ 칵테일의 판매량

정답 : ④

**261** 다음 중 Gin Fizz의 특징으로 옳지 않은 것은?

① 하이볼 글라스를 사용한다.
② Shaking 기법과 Building 기법을 병행한다.
③ 레몬의 신맛과 설탕의 단맛이 난다.
④ 어니언(Onion)으로 장식한다.

Fizz류는 레몬이나 오렌지로 장식하고, 어니언으로 장식하는 것은 깁슨 칵테일이다.

정답 : ④

**262** 칵테일을 만드는 3가지 기본 방법이 아닌 것은?

① Pouring
② Shaking
③ Blending
④ Stirring

조주기능사 조주 방법에는 Shaking, Blending, Stirring, Building, Floating이 있다.

정답 : ①

**263** 칵테일을 만드는 기법으로 적당하지 않은 것은?

① 띄우기(Floating)
② 휘젓기(Stirring)
③ 흔들기(Shaking)
④ 거르기(Filtering)

정답 : ④

**264** 칵테일 조주 시 재료의 비중을 이용해서 섞이지 않도록 하는 방법은?

① Blend 기법
② Build 기법
③ Stir 기법
④ Float 기법

Float 기법이란 술의 각기 다른 비중을 이용하여 섞이지 않도록 띄우는 기법이다.

정답 : ④

**265** Floating의 방법으로 글라스에 직접 조주해야 할 칵테일은?

① Highball
② Gin Fizz
③ Pousse Cafe
④ Flip

푸스 카페(Pousse Cafe)는 각 재료의 비중을 이용하여 만드는 칵테일로 Floating 기법을 사용한다.

정답 : ③

**266** 셰이킹(Shaking) 기법에 대한 설명으로 틀린 것은?

① Shaker에 얼음을 충분히 넣어 빠른 시간 안에 잘 섞이고 차게 한다.

② Shaker에 재료를 넣고 순서대로 Cap을 Strainer에 씌운 훈 Body에 덮는다.

③ 잘 섞이지 않는 재료들을 Shaker에 넣어 세차게 흔들어 섞는 기법이다.

④ 계란, 우유, 크림, 당분이 많은 리큐르 등으로 칵테일을 만들 때 많이 사용된다.

정답 : ②

**267** 칵테일 제조방법 중 셰이킹(Shaking)기법에 대한 설명으로 옳은 것은?

① 재료를 셰이커(Shaker)에 넣고 흔들어서 혼합하는 과정을 말한다.

② 칵테일 제조가 끝난 후에 장식하는 것을 말한다.

③ 칵테일 제조가 끝난 후에 따르는 것을 말한다.

④ 칵테일에 대한 향과 맛을 배합하는 것을 말한다.

---

셰이킹은 셰이커에 재료를 넣고 잘 흔들어서 칵테일을 만드는 조주방법이다.

정답 : ①

**268** 다음 중 Cocktail Shaker에 넣어 조주하는 것에 부적합한 재료는?

① 럼(Rum)

② 소다수(Soda Water)

③ 우유(Milk)

④ 달걀흰자

---

소다수는 탄산음료이기 때문에 흔들면 거품이 많이 일어나 좋지 않다.

정답 : ②

**269** 달걀, 밀크, 시럽 등의 부재료를 사용하는 칵테일 조주 기법으로 옳은 것은?

① Mix

② Stir

③ Shake

④ Float

---

흔들기(Shake) 기법은 재료를 잘 혼합하기 위한 조주 방법이다.

정답 : ③

**270** 조주방법 중 'Stirring'에 대한 설명으로 옳은 것은?

① 칵테일을 차게 만들기 위해 믹싱 글라스에 얼음을 넣고, 바 스푼으로 휘젓는 방법
② Shaking으로는 얻을 수 없는 설탕을 첨가하고 칵테일을 차게 만드는 방법
③ 칵테일을 완성시킨 후 향기를 가미시키는 방법
④ 글라스에 직접 재료를 넣어 만드는 방법

조주기법 중 Stirring은 믹싱 글라스를 사용하여 비교적 혼합하기 쉬운 재료를 섞으면서 냉각시킬 때 사용하는 방법이다. 믹싱 글라스에 얼음과 함께 재료를 넣고 바 스푼으로 여러 번 저어 얼음을 걸러낸 다음 내용물을 따라낸다.

정답 : ①

**271** 'Stirring' 기법에서 사용하는 도구가 아닌 것은?

① Mixing Glass
② Bar Spoon
③ Strainer
④ Shaker

휘젓기(Stirring) 기법은 믹싱 글라스, 바 스푼, 스트레이너를 사용한다.

정답 : ④

**272** 다음 조주 기법 중 드라이 마티니를 만드는 방법은?

① Mix
② Stir
③ Shake
④ Float

드라이 마티니(Dry Martini)는 믹싱 글라스, 스트레이너, 바 스푼을 사용하여 휘저어(Stir) 조주한다.

정답 : ②

**273** 다음 중 믹싱 글라스를 이용하여 만든 칵테일만으로 짝지어진 것은?

| ㉠ Pink Lady | ㉡ Gibson | ㉢ Stinger |
| ㉣ Manhattan | ㉤ Bacardi | ㉥ Dry Martini |

① ㉠, ㉡, ㉤
② ㉠, ㉣, ㉤
③ ㉡, ㉣, ㉥
④ ㉠, ㉢, ㉥

Gibson, Manhattan, Dry Martini는 Stirring 기법, Pink Lady, Stinger, Bacardi는 Shaking 기법으로 조주하는 칵테일이다.

정답 : ③

**274** 칵테일을 만들 때 흔들거나 섞지 않고 글라스에 직접 얼음과 재료를 넣어 바 스푼이나 머들러로 휘저어 만드는 방법으로 적합한 칵테일은?

① 스크류 드라이버　　　　　　② 스팅어

③ 마가리타　　　　　　　　　④ 싱가폴 슬링

----

스크류 드라이버 칵테일은 보드카와 오렌지 주스를 재료로 하여 Building 기법으로 조주한다.

정답 : ①

**275** 다음 중 노 믹싱(No Mixing)의 방법으로 만들어지는 칵테일은?

① Highball　　　　　　　　② Gin Fizz

③ Royal Cafe　　　　　　　④ Flip

----

Royal Cafe는 카페 로얄(Cafe Royal)이라고도 하며 빌딩 기법으로 조주한다. 컵 위에 스푼을 걸치고 그 위에 각설탕을 놓아 브랜디를 부은 후 불을 붙여 만드는 칵테일이다.

정답 : ③

**276** 다음 중 Vodka Base의 칵테일이 아닌 것은?

① 모스코 뮬(Moscow Mule)

② 키스 오브 파이어(Kiss of Fire)

③ 사이드 카(Side Car)

④ 하비 월뱅어(Harvey Wallbanger)

----

Side Car는 Brandy Base의 칵테일이다.

정답 : ③

**277** 다음 중 보드카가 기주로 쓰이지 않는 칵테일은?

① 맨하탄　　　　　　　　　　② 스크루 드라이버

③ 키스 오브 파이어　　　　　④ 치치

----

맨하탄은 미국의 도시에서 딴 명칭의 칵테일로, 기주는 버번 위스키이다.

정답 : ①

**278** 다음 중 Vodka Base Cocktail은?

① Paradise Cocktail　　　　　② Million Dollar Cocktail

③ Bronx Cocktail　　　　　　④ Kiss of Fire

----

키스 오브 파이어(Kiss of Fire)는 일본에서 개발된 칵테일로 보드카를 기주로 한다.

정답 : ④

**279** Rum 베이스 칵테일이 아닌 것은?

① Daiquiri　　　　　　　　　② Cuba Libre

③ Mai Tai　　　　　　　　　④ Stinger

---

스팅어 칵테일의 베이스는 브랜디이다.

정답 : ④

**280** 다음 칵테일 중 데킬라(Tequila)를 기본주로 하지 않는 것은?

① Margarita　　　　　　　　② Ambassador

③ Long Island Iced Tea　　　④ Sangria

---

Sangria는 와인과 소다수를 사용한다.

정답 : ④

**281** 증류주가 사용되지 않은 칵테일은?

① Manhattan　　　　　　　　② Rusty Nail

③ Irish Coffee　　　　　　　④ Grasshopper

---

Grasshopper 칵테일은 민트그린, 카카오 화이트, 우유로 조주한다.

정답 : ④

**282** 핑크 레이디, 밀리언 달러, 마티니, 네그로니의 조주 기법을 순서대로 나열한 것은?

① Shaking, Stirring, Float & Layer, Stirring

② Shaking, Shaking, Float & Layer, Building

③ Shaking, Shaking, Stirring, Building

④ Shaking, Float & Layer, Stirring, Building

정답 : ③

**283** 데킬라에 오렌지 주스를 배합한 후 붉은색 시럽을 뿌려서 가라앉은 모양이 마치 일출 위
장관을 연출케 하는 희망과 환희의 칵테일로 옳은 것은?

① Stinger

② Tequila Sunrise

③ Screwdriver

④ Pink Lady

---

Tequila Sunrise는 데킬라의 고향인 멕시코의 '일출'을 형상화해서 만든 롱 드링크 칵테일이다.

정답 : ②

**284** 다음 중 Chilled White Wine과 Club Soda로 만드는 칵테일은?

① Wine Cooler

② Mimosa

③ Hot Springs Cocktail

④ Spritzer

스프리처(Spritzer)는 차가운 화이트 와인(Chilled White Wine) 2oz를 얼음이 채워져 있는 와인 글라스에 따른 다음 소다수를 채워 만든다.

정답 : ④

**285** 다음 중 Irish Coffee의 재료로 틀린 것은?

① Irish Whisky                    ② Rum

③ Hot Coffee                      ④ Sugar

정답 : ②

**286** 다음 중 레몬(Lemon)이나 오렌지 슬라이스(Orange Slice), 체리(Red Cherry)로 장식하여 제공되는 칵테일은?

① Tom Collins                     ② Martini

③ Rusty Neil                      ④ Black Russian

정답 : ①

**287** Daiquiri Frozen의 주재료와 부재료로 옳은 것은?

① Grenadine Syrup과 Lime Juice

② Vodka와 Lime Juice

③ Rum과 Lime Juice

④ Brandy와 Grenadine Syrup

Daiquiri Frozen : Rum + Lime Juice + Powdered Sugar

정답 : ③

**288** 다음 탄산음료 중 본래 재료가 없을 경우 레몬 1/2oz, 슈가시럽 1tsp, 소다수로 대체하여 만들 수 있는 음료는?

① 시드로                          ② 사이다

③ 콜린스 믹스                       ④ 스프라이트

Collins Mix의 레시피이다.

정답 : ③

**289** 다음 레시피(Recipe)로 조주되는 칵테일은?

> • Dry gin 1/2oz • Lime Juice 1oz • (Powder)Sugar 1tsp

① Gimlet Coctail ② Stinger Cocktail
③ Dry Gin ④ Manhattan

정답 : ①

**290** 비중이 서로 다른 술을 섞지 않고 띄워서 여러 가지 색상을 만들 수 있는 칵테일은?

① 프라페(Frappe)
② 슬링(Sling)
③ 피즈(Fizz)
④ 푸스 카페(Pousse Cafe)

푸스 카페 칵테일은 술 비중 차이를 이용한 플로팅 기법으로 조주한다.

정답 : ④

**291** Rod Roy 칵테일을 조주할 때는 일반적으로 어떤 술을 사용하는가?

① Rye Whiskey
② Bourbon Whiskey
③ Canadian Whiskey
④ Scotch Whiskey

정답 : ④

**292** Pina Colada를 만들 때 필요한 재료로 거리가 먼 것은?

① 럼 ② 파인애플주스
③ 코코넛 밀크 ④ 레몬주스

Pina Colada는 럼, 파인애플주스, 코코넛 밀크를 혼합하여 만든다.

정답 : ④

**293** 다음의 같은 재료를 사용하여 만드는 칵테일은?

> Liqueur + Lemon juice + Sugar + Soda + Water

① Collins ② Martini
③ Flip ④ Rickey

콜린스(Collins) 탄산수는 리큐르, 레몬주스, 설탕, 소다수를 혼합하여 조주한다.

정답 : ①

**294** 싱가폴 슬링(Singapore Sling) 칵테일의 재료로 적합하지 않은 것은?

① 드라이 진(Dry Gin)

② 체리 브랜디(Cherry-Brandy)

③ 레몬 주스(Lemon Juice)

④ 토닉워터(Tonic Water)

---

싱가폴 슬링은 드라이 진, 레몬주스, 설탕, 소다수가 혼합되며 토닉워터는 들어가지 않는다.

정답 : ④

**295** 다음 칵테일 중 달걀이 들어가는 칵테일은?

① Millionaire

② Black Russian

③ Brandy Alexander

④ Daiquiri

---

밀리어네어(Millionaire) 칵테일의 조주방법은 셰이커에 얼음 적당량, 블렌디드 위스키 1oz, 트리플 섹 1/2oz, 그 레나딘 시럽 1/4tsp, 달걀 흰자 1개를 넣고 20회 이상 잘 흔들어 혼합시킨 후 캡을 열고 냉각시킨 샴페인 글라 스에 따르는 것이다.

정답 : ①

**296** 달걀이 들어가는 칵테일에 주로 뿌려주는 부재료는?

① Nutmeg Powder

② Lemon Powder

③ Cinnamon Powder

④ Chocolate Powder

---

달걀이나 크림류의 비린내를 제거하기 위해 Nutmeg Powder를 뿌린다.

정답 : ①

**297** 칵테일 부재료 중 Spice류에 해당하지 않는 것은?

① Grenadine Syrup　　　　　　② Mint

③ Nutmeg　　　　　　　　　　④ Cinnamon

---

스파이스(Spice)류란 칵테일의 향을 살리기 위해 여러 향료를 건조하여 분말 또는 천연 그대로를 사용하는 것 으로 Cinnamon, Mint, Nutmeg, Pepper, Clove, Tobacco Sauce 등이 주로 사용된다. Grenadine Syrup은 Syrup류이다.

정답 : ①

**298** 깁슨(Gibson) 칵테일에 알맞은 장식은?

① Olive　　　　　　　　② Mint

③ Cherry　　　　　　　④ Cocktail Onion

---

깁슨(Gibson) 칵테일은 칵테일 어니언(Cocktail Onion)으로 장식한다.

정답 : ④

**299** 소금으로 Cocktail Glass 가장자리를 Rimming하는 칵테일은?

① Singapore Sling　　　② Side Car

③ Margarita　　　　　　④ Snowball

---

데킬라를 기본주로 사용한 마가리타 칵테일에 Rimming 장식법을 사용한다.

정답 : ③

**300** Over The Rainbow의 일반적인 Garnish는?

① Strawberry, Peach Slice

② Cherry, Orange Slice

③ Pineapple Spear, Cherry

④ Lime Wedge

정답 : ①

**301** 'Twist Of Lemon Peel'의 의미로 옳은 것은?

① 레몬 껍질을 비틀어 그 향을 칵테일에 스며들게 한다.

② 레몬을 반으로 접듯이 하여 과즙을 짠다.

③ 레몬 껍질을 가늘고 길게 잘라 칵테일에 넣는다.

④ 과피를 믹서기에 갈아 즙 성분을 2~3방울 칵테일에 떨어뜨린다.

---

Peel이란 단어가 과일 껍질을 의미하며 일반적으로 레몬 껍질을 주로 사용한다.

정답 : ①

**302** 장식으로 과일의 껍질만 사용하는 칵테일은?

① Moscow Mule

② New York

③ Bronx

④ Gin Buck

---

New York 칵테일은 마지막에 레몬 껍질을 띄우는 것으로 장식한다.

정답 : ②

**303** 가니쉬(Garnish)에 필요한 재료를 상하지 않게 보관하는 곳은?

① 혼합용 용기　　　　　　　② 냉장고

③ 냉동실　　　　　　　　　　④ 얼음 통

정답 : ②

**304** 다음 중 Gin&Tonic에 알맞은 Glass와 장식은?

① Collins Glass – Pineapple Slice

② Cocktail Glass – Olive

③ Cordial Glass – Orange Slice

④ Highball Glass – Lemon Slice

정답 : ④

**305** 장식으로 라임 혹은 레몬 슬라이스가 어울리지 않는 칵테일은?

① 모스코 뮬(Moscow Mule)

② 진 토닉(Gin&Tonic)

③ 맨하탄(Manhattan)

④ 쿠바 리브레(Cuba Libre)

------------------------------------------------------------

맨하탄 칵테일은 레드 체리로 장식한다.

정답 : ③

**306** 칵테일 중 글라스 가장자리를 프로스트(Frost)하여 내용물을 담는 것은?

① Milion Dollar

② Cuba Libre

③ Grasshhopper

④ Margarita

------------------------------------------------------------

마가리타 칵테일은 소금으로 Frost한다.

정답 : ④

**307** 장식으로 양파(Cocktail Onion)가 필요한 칵테일로 옳은 것은?

① 마티니(Martini)

② 깁슨(Gipson)

③ 좀비(Zombie)

④ 다이키리(Daiquri)

------------------------------------------------------------

깁슨 칵테일은 Dry Gin과 Dry Vermouth를 혼합하여 Onion으로 장식한다.

정답 : ②

**308** 다음 중 완성 후 Nutmeg를 뿌려 제공하는 것은?

① Egg Nog             ② Tom Collins

③ Golden Cadillac      ④ Paradise

---

Nutmeg는 계란, 우유 등 느끼한 부재료를 사용하는 칵테일 장식으로 어울린다.

정답 : ①

**309** 칵테일 장식과 그 용도가 적합하지 않은 것은?

① 체리–감미타입 칵테일

② 올리브–쌉쌀한 맛의 칵테일

③ 오렌지–오렌지 주스를 사용한 롱 드링크

④ 셀러리–달콤한 칵테일

정답 : ④

**310** 맨하탄 칵테일(Manhattan Cocktail)의 가니쉬(Garnish)로 옳은 것은?

① Cocktail Olive

② Pearl Onion

③ Lemon

④ Cherry

정답 : ④

**311** 다음 중 용량이 가장 작은 글라스는?

① Old Fashioned Glass

② Highball Glass

③ Cocktail Glass

④ Shot Glass

---

양주용의 작은 유리잔을 Shot Glass라고 하며 용량은 대게 1~2oz이다.

정답 : ④

**312** 칵테일에 손의 체온 전달을 막기 위해 사용하는 글라스(Glass)로 옳은 것은?

① Stemmed Glass

② Old Fashioned Glass

③ Highball Glass

④ Collins Glass

---

칵테일 글라스나 샴페인 글라스처럼 목이 있는 잔을 스템드 글라스(Stemmed Glass)라고 한다.

정답 : ①

**313** Pilsner Glass에 대한 설명으로 옳은 것은?

① 브랜디를 마실 때 사용한다.

② 맥주를 따르면 기포가 올라와 거품이 유지된다.

③ 와인향을 즐기는 데 가장 적합하다.

④ 옆면이 둥글게 되어 있어 발레리나를 연상시키는 모양이다.

Pilsner Glass는 칵테일용 또는 맥주용 잔이다.

정답 : ②

**314** 브랜디 글라스(Brandy Glass)에 대한 설명 중 틀린 것은?

① 튤립형의 글라스이다.

② 향이 잔속에서 휘감기는 특징이 있다.

③ 글라스를 예열하여 따뜻한 상태로 사용한다.

④ 브랜디는 글라스에 가득 채워 따른다.

브랜디, 와인 등 음료는 글라스에 가득 채우지 않는다.

정답 : ④

**315** 다음 중 Stem Glass로 옳은 것은?

① Collins Glass

② Old Fashioned Glass

③ Straight Up Glass

④ Sherry Glass

Stem Glass란 다리가 있는 글라스를 말한다.

정답 : ④

**316** Whisky나 Vermouth 등 On The Rocks로 제공할 때 사용하는 글라스는?

① Highball Glass

② Old Fashioned Glass

③ Cocktail Glass

④ Liquer Glass

Old Fashioned Glass는 텀블러의 원형이라는 고풍스런 글라스이며, 위스키, 칵테일 등을 On the Rocks 스타일로 마실 때에 많이 사용되는 120~180ml 정도 용량의 글라스이다.

정답 : ②

**317** Highball이나 Fizz 등의 Long Drink를 마실 때 사용하는 Glass로 옳은 것은?

① Tumbler　　　　　　　　② Cocktail Glass

③ Sour Glass　　　　　　　④ Liqueur Glass

정답 : ①

**318** Liqueur Glass의 다른 명칭은?

① Shot Glass　　　　　　　② Cordial Glass

③ Sour Glass　　　　　　　④ Goblet

---

Liqueur Glass는 다른 말로 Cordial Glass, Pousse Cafe Glass라고 한다.

정답 : ②

**319** 아래에서 설명하는 Glass는 무엇인가?

> 위스키 사워, 브랜디 사워 등의 사워 칵테일에 주로 사용되며 3~5oz를 담기에 적당한 크기이다. Stem이 길고 위가 좁고 밑이 깊어 거의 평형으로 생겼다.

① Goblet　　　　　　　　　② Wine Glass

③ Sour Glass　　　　　　　④ Cocktail Glass

정답 : ③

**320** 다음 중 Tumbler Glass에 속하는 것은?

① Champagne Glass

② Cocktail Glass

③ Highball Glass

④ Brandy Snifter

---

Highball Glass는 흔히 보는 컵 모양의 글라스로 Tumbler Glass에 속한다. 롱 드링크나 비알코올성의 칵테일, 과일주스 등에 사용된다.

정답 : ③

**321** 다음 중 칵테일 글라스를 잡는 부위로 옳은 것은?

① Rim　　　　　　　　　　② Stem

③ Body　　　　　　　　　　④ Bottom

---

칵테일은 대부분 찬 음료이므로 손의 열기가 전해지지 않도록 잔의 스템(Stem) 부분을 잡는다.

정답 : ②

**322** 음료를 서빙할 때에 일반적으로 사용하는 비품이 아닌 것은?

① Napkin　　　　　　　　　② Coaster

③ Serving Tray　　　　　　④ Bar Spoon

---

바 스푼(Bar Spoon)은 칵테일을 조주할 때 사용하는 기구이다.

**323** Squeezer에 대한 설명으로 옳은 것은?

① Bar에서 사용하는 Measure Cup의 일종이다.

② Mixing Glass를 대용할 때 쓴다.

③ Strainer가 없을 때 흔히 사용한다.

④ 과일즙을 낼 때 사용한다.

---

스퀴저(Squeezer)는 과일즙을 짜는 기구이다.

정답 : ④

**324** Measure Cup에 대한 설명 중 틀린 것은?

① 각종 주류의 용량을 측정한다.

② 윗부분은 1oz(30ml)이다.

③ 아랫부분은 1.5oz(45ml)이다.

④ 병마개를 감쌀 때 사용한다.

---

병마개를 감쌀 때 사용하는 것은 스토퍼이다.

정답 : ④

**325** 계란, 설탕 등의 부재료가 사용되는 칵테일을 혼합할 때 사용하는 기구는?

① Shaker　　　　　　　　　② Mixing Glass

③ Strainer　　　　　　　　④ Muddler

---

계란은 다른 재료와 섞이기가 어렵기 때문에 셰이커를 사용해 혼합한다.

정답 : ①

**326** 와인(Wine)을 오픈할 때 사용하는 기물로 가장 적당한 것은?

① Cork Screw　　　　　　　② White Napkin

③ Strainer　　　　　　　　④ Muddler

---

와인 오프너를 코르크 스크류(Cork Screw)라고 하며, 코르크 스크류에는 다양한 종류가 있다.

정답 : ①

132 —— 조주기능사 한권으로 합격하기

**327** Wood Muddler의 일반적인 용도는?

① 스파이스나 향료를 으깰 때 사용한다.

② 레몬을 스퀴즈할 때 사용한다.

③ 음료를 서빙할 때 사용한다.

④ 브랜디를 띄울 때 사용한다.

정답 : ①

**328** 바 기물의 설치에 대한 내용으로 틀린 것은?

① 바의 수도시설은 Mixing Station 바로 후면에 설치한다.

② 배수구는 바텐더의 바로 앞에, 바의 높이는 고객이 볼 수 있게 설치한다.

③ 얼음제빙기는 Back Side에 설치하는 것이 가장 적절하다.

④ 냉각기는 표면에 병따개가 부착된 건성형으로 Station 근처에 설치한다.

제빙기는 바텐더가 조주할 때 사용하므로 바텐더의 작업장 가까운 장소에 설치한다.

정답 : ③

**329** Mixing Glass에서 제조된 칵테일을 잔에 따를 때 사용하는 기물은?

① Measure Cup ② Bottle Holder

③ Strainer ④ Ice Bucket

Strainer는 얼음을 걸러 주는 기물로, 제조된 칵테일을 잔에 따를 때 사용한다.

정답 : ③

**330** 와인에 생긴 침전물이 글라스에 같이 따라지는 것을 방지하기 위해 사용하는 도구는?

① 와인 바스켓 ② 와인 디캔터

③ 와인 버켓 ④ 코르크 스크류

정답 : ②

**331** 주장(Bar)에서 기물의 취급방법으로 틀린 것은?

① 금이 간 접시나 글라스는 규정에 따라 처리한다.

② 은기물은 은기물 전용 세척액에 오래 담가두어야 한다.

③ 크리스탈 글라스는 가능한 손으로 세척한다.

④ 식기는 같은 종류별로 보관하여 너무 많이 쌓아두지 않는다.

기물을 세척액에 오래 담가두는 것은 옳지 않다.

정답 : ②

**332** 쿨러(Cooler)의 종류에 해당되지 않는 것은?

① Jigger Cooler　　　　　② Cup Cooler

③ Beer Cooler　　　　　　④ Wine Cooler

Cooler는 냉장이나 저장기능을 의미하지만 Jigger Cooler는 술의 양을 측정하는 도구이다.

정답 : ①

**333** Cork Screw의 사용 용도는?

① 와인의 병마개 오픈용　　② 와인의 병마개용

③ 와인 보관용 그릇　　　　④ 잔 받침대

정답 : ①

**334** 조주 시 필요한 셰이커(Shaker)의 3대 구성 요소가 아닌 것은?

① 믹싱(Mixing)　　　　　② 바디(Body)

③ 스트레이너(Strainer)　　④ 캡(Cap)

정답 : ①

**335** 바(Bar) 기구가 아닌 것은?

① 믹싱 셰이커(Mixing Shaker)

② 레몬 스퀴저(Lemon Squeezer)

③ 바 스트레이너(Bar Strainer)

④ 스테이플러(Stapler)

정답 : ④

**336** 칵테일 잔의 밑받침대로 헝겊이나 두꺼운 종이로 만드는 것은?

① Muddler　　　　　　　② Pourer

③ Stopper　　　　　　　④ Coaster

정답 : ④

**337** 다음 중 Bar에서 꼭 필요하지 않은 기물은?

① Ice Tongs　　　　　　② Ice Cream Mixer

③ Can Opener　　　　　④ Shaker

Ice Tongs은 위생적으로 사용하기 위한 얼음 집게, Can Opener는 병과 캔의 따개, Shaker은 얼음에 각종 재료를 넣어 흔드는 데 사용하는 기구이다.

정답 : ②

**338** 다음 중 보조 병마개를 뜻하는 주장기물은?

① Strainer
② Squeezer
③ Stopper
④ Blender

정답 : ③

**339** 다음 중 Muddler에 대한 설명으로 틀린 것은?

① 설탕이나 장식과일 등을 으깨거나 혼합할 때 편리한 긴 막대이다.
② 칵테일 장식에 체리나 올리브 등을 꽂아 사용한다.
③ 롱 드링크를 마실 때는 휘젓는 용도로 사용한다.
④ Stirring Rod라고도 한다.

---

Cocktail Pick이 칵테일 제공 시 열매나 과실을 장식용으로 꽂을 때 사용하는 목재 및 플라스틱으로 만든 기구이다. Muddler는 박하 잎이나 향초, 침전물 등을 으깨거나 젓기 위해 사용한다.

정답 : ②

**340** 다음 중 주류의 용량을 측정하기 위한 기구는?

① Jigger Glass
② Mixing Glass
③ Straw
④ Decanter

---

Jigger Glass는 Measure Cup(계량컵)이라고도 하며 용량을 측정하는 도구이다.

정답 : ①

**341** 칵테일 계량단위를 측정하는 기구가 아닌 것은?

① Stopper
② Tea Spoon
③ Measure Cup
④ Table Spoon

---

Measure Cup은 계량컵, Table Spoon, Tea Spoon은 부피를 재는 도구, Stopper는 와인 마개이다.

정답 : ①

**342** 음료를 서빙할 때에 일반적으로 사용하는 비품이 아닌 것은?

① 냅킨(Napkin)
② 코스터(Coaster)
③ 서빙 트레이(Serving Tray)
④ 바 스푼(Bar Spoon)

---

바 스푼(Bar Spoon)은 칵테일을 조주할 때 사용하는 기구이다.

정답 : ④

**343** 다음 중 맨하탄 칵테일 조주 시 사용되는 기물은?

① Mixing Glass　　　　　② Electric Shaker
③ Lemon Squeezer　　　　④ Cork Screw

맨하탄 칵테일은 Mixing Glass에 버번 위스키 3/2oz, 스위트 베르무트 1/2oz, 앙고스트라 비터 1dash를 넣고 Bar Spoon으로 저어 조주한다.

정답 : ①

**344** 믹싱 글라스나 셰이커에서 칵테일을 만든 후 잔에 따를 때 사용하는 도구는?

① Strainer　　　　　② Muddler
③ Ice Tongs　　　　④ Cock Screw

스트레이너(Strainer)는 셰이크한 후 얼음이 나오지 않게 걸러주는 역할을 한다.

정답 : ①

**345** 글라스의 받침대로 냉각된 글라스의 물기가 흘러내리는 것을 방지하게 위해 사용하는 것은?

① Opener　　　　　② Stopper
③ Coaster　　　　　④ Muddler

Coaster(코스터)는 글라스 받침으로 칵테일 조주 후 받침대로 사용한다. 헝겊이나 두꺼운 마분지로 만들어야 물기를 흡수한다.

정답 : ③

**346** 칵테일 잔의 밑받침대로 헝겊이나 두꺼운 종이로 만드는 것은?

① Muddler　　　　　② Pourer
③ Stopper　　　　　④ Coaster

정답 : ④

**347** 주류를 글라스에 담아서 고객에게 서빙할 때 글라스 밑받침으로 사용하는 것은?

① 스터러(Stirrer)　　　　② 디캔터(Decanter)
③ 커팅 보드(Cutting Board)　　④ 코스터(Coaster)

정답 : ④

**348** 다음 중 칵테일을 만드는 데 필요한 기물은?

① Wine Cooler　　　　② Mixing Glass
③ Champagne Glass　　④ Wine Glass

정답 : ②

**349** 믹싱 글라스(Mixing Glass)의 설명 중 옳은 것은?

① 칵테일 조주 시 음료 혼합물을 섞을 수 있는 기물이다.
② Shaker의 또 다른 명칭이다.
③ 칵테일 음료 서비스에 사용되는 유리잔의 총칭이다.
④ 칵테일에 쓰이는 과일이나 약초를 Mashing하기 위한 기물이다

정답 : ①

**350** 셰이커(Shaker)를 사용한 후 가장 적절한 보관방법은?

① 사용 후 물에 담가 놓는다.
② 사용할 때 씻어서 보관한다.
③ 사용 후 씻어서 물이 빠지도록 몸통과 스트레이너를 분리하여 엎어놓는다.
④ 씻어서 뚜껑을 닫아서 보관한다.

정답 : ③

**351** 칵테일 제조 시 혼합하기 힘든 재료를 섞거나 프로즌 스타일의 칵테일을 만들 때 사용하는 기구는?

① Blender                    ② Bar Spoon
③ Muddler                    ④ Mixing Glass

---

프로즌 스타일은 빙수 형태의 칵테일이기 때문에 믹서기와 같은 얼음을 가는 기구가 필요하다.

정답 : ①

**352** 휘젓기(Stirring)기법에서 재료를 섞거나 차게 할 때 사용하는 기구는?

① 스트레이너(Strainer)        ② 믹싱 컵(Mixing Cup)
③ 스퀴저(Squeezer)           ④ 바 스푼(Bar Spoon)

정답 : ②

**353** 조주 기법 중 블렌드(Blend)의 설명으로 옳지 않은 것은?

① Blender를 사용하여 혼합하는 기법이다.
② 믹스하는 칵테일 조주 기법이다.
③ 진 토닉(Gin Tonic)을 만드는 조주방법이다.
④ 트로피칼(Tropical) 칵테일을 만들 때 주로 사용한다.

---

진 토닉은 빌딩(Building) 기법으로 조주한다.

정답 : ③

**354** Strainer에 대한 설명 중 틀린 것은?

① 철사망으로 되어있다.

② 얼음이 글라스에 떨어지지 않도록 하는 기구이다.

③ 믹싱 글라스와 함께 사용된다.

④ 재료를 섞거나 소량을 잴 때 사용된다.

정답 : ④

**355** 다음 중 칵테일을 만드는 데 필요한 기물로 옳은 것은?

① 와인쿨러(Wine Cooler)

② 믹싱 글라스(Mixing Glass)

③ 샴페인 글라스(Chapagne Glass)

④ 와인 글라스(Wine Glass)

믹싱 글라스는 Stirring(휘젓기) 기법에 사용된다.

정답 : ②

**356** 칵테일 조주 시 술이나 부재료, 주스의 용량을 재는 기구로 스테인리스제가 많이 쓰이며, 삼각형 30ml와 45ml의 컵이 등을 맞대고 있는 기구는?

① 스트레이너

② 믹싱 글라스

③ 지거

④ 스퀴저

지거는 Measure Cup이라고도 하며 각종 재료의 분량을 측정하는 컵이다.

정답 : ③

**357** 칵테일 제조에 사용되는 얼음(Ice) 종류의 설명이 틀린 것은?

① 셰이브드 아이스(Shaved Ice) : 곱게 빻은 가루 얼음

② 큐브드 아이스(Cubed Ice) : 정육면체의 조각 얼음 또는 육각형 얼음

③ 크렉드 아이스(Cracked Ice) : 큰 얼음을 아이스 픽(Ice Pick)으로 깨어서 만든 각 얼음

④ 럼프 아이스(Lump Ice) : 각얼음을 분쇄하여 만든 작은 콩알 얼음

Lump Ice는 얼음 덩어리를 말한다.

정답 : ④

**358** 각 얼음(Cubed Ice)의 취급상 주의사항으로 잘못된 것은?

① 아이스 텅(Tongs)이나 아이스 스쿱(Scoop)을 사용한다.

② 스쿱이 없을 때는 글라스로 대신한다.

③ Ice Bin 위에는 어떤 것이든 차게 하기 위하여 놓아서는 안 된다.

④ 각 얼음은 재사용을 절대 금한다.

---

스쿱(Scoop)은 제빙기에서 얼음을 Ice Pail(얼음 통)에 담을 때 사용하는 도구로 넓은 국자처럼 생긴 숟가락이다.

정답 : ②

**359** 가장 차가운 칵테일을 만들 때 사용되는 얼음은?

① Shaved Ice

② Crushed Ice

③ Cubed Ice

④ Lump Ice

---

Shaved Ice는 빙수용 얼음이다.

정답 : ①

**360** 다음 중 Cubed Ice를 의미하는 것은?

① 부순 얼음

② 가루 얼음

③ 각얼음

④ 깬 얼음

정답 : ③

**361** 약 30ml, 1finger, 1pony, 1shot, 1single의 계량 단위와 동일하거나 가장 유사하게 사용되는 것은?

① 1cup

② 1pound

③ 1oz

④ 1liter

---

단위 환산 : 1oz = 30ml = 1finger = 1pony = 1shot = 1single

정답 : ③

**362** 다음의 계량 단위를 환산한 것 중 옳은 것은?

① 1oz = 28.35ml

② 1dash = 6tea spoon

③ 1jigger = 60ml

④ 1shot = 100ml

---

일반적으로 1oz는 30ml로 통하지만 정확히는 28.35ml에 해당한다.

정답 : ①

**363** 1quart는 몇 ounce인가?

① 1oz

② 16oz

③ 32oz

④ 38.4oz

정답 : ③

**364** Metric sizes for wine의 양으로 틀린 것은?

① 1jeroboam＝0.5ℓ

② 1tenth＝375㎖

③ 1quart＝1ℓ

④ 1magnum = 1.5ℓ

---

여로보암(Jeroboam)은 샴페인용 큰 병의 3ℓ 단위이다.

정답 : ①

**365** 환산된 용량 표시가 옳은 것은?

① 1tea spoon = 1/32oz

② 1pony = 1/2oz

③ 1pint = 1/2quart

④ 1Table spoon = 1/32oz

---

단위 환산 : 1tea spoon = 1/8oz, 1pony = 1oz, 1table spoon = 1/2oz

정답 : ③

**366** 계량 단위에 대한 설명 중 옳은 것은?

① 1dash는 1/30ounce이며, 0/9ml이다.
② 1tea spoon은 1/8ounce로 3.7ml이다.
③ 1cl은 1/10ml이다.
④ 1L은 32ounce이며, 960ml이다.

단위 환산 : 1dash = 1/32oz, 1cl = 1/100L, 1L = 1000ml = 약 33oz

정답 : ②

**367** 시럽이나 비터(Bitters) 등 칵테일에 소량 사용하는 재료의 양을 설명하는 단위로 옳은 것은?

① toddy
② double
③ dry
④ dash

1dash는 5~6drop(방울)에 해당한다.

정답 : ④

**368** 다음 중 1pony의 액체 분량과 다른 것은?

① 1oz
② 30ml
③ 1pint
④ 1shot

pint 단위는 고체 분량 단위이다.

정답 : ③

**369** 양주병에 80proof라고 표기되어 있는 것은 알코올 도수 얼마에 해당하는가?

① 80%
② 40%
③ 20%
④ 10%

미국, 영국식 알코올의 단위가 proof인데, 이를 %로 환산하면 값이 절반이 된다. 즉 80proof = 40%이다.

정답 : ②

**370** Bourbon Whiskey 80proof는 우리나라 주정도수로 몇 도인가?

① 35%
② 40%
③ 45%
④ 50%

정답 : ②

**371** 전통주 도량형 중 「되」에 대한 설명으로 틀린 것은?

① 곡식이나 액체, 가루 등의 분량을 재는 것이다.

② 보통 정육면체 또는 직육면체로서 나무나 쇠로 만든다.

③ 분량(1되)을 부피의 기준으로 하여 1/2를 1홉이라고 한다.

④ 1되는 약 1.8ℓ 정도이다.

---

단위 환산 : 1되 = 10홉

정답 : ③

**372** 혈중 알코올 농도 측정 공식은?

① 음주량(ml) × 알코올 도수(%) / 833 × 체중(kg)

② 음주량(ml) × 알코올 도수(%) / 체중(kg)

③ 음주량(ml) × 체중(kg) × 알코올 도수(%) / 833

④ 음주량(ml) × 체중(kg) / 833 × 알코올 도수(%)

정답 : ①

**373** 다음 중 알코올의 함량이 가장 많은 것은?

① 알코올 40%의 위스키 1잔(1oz)

② 알코올 10%의 와인 1잔(4oz)

③ 알코올 5%의 맥주 2잔(16oz)

④ 알코올 20%의 소주 1잔(2oz)

---

알코올 5%의 맥주 2잔이면 (2잔×32oz=62)이기 때문에 보기 중 알코올 함량이 가장 많다.

정답 : ③

CHAPTER
08

# 주장관리

주장이라는 말은 술을 판매하는 Bar를 말한다. Bar종류는 Classic Bar와 Flair Bar(Casual Bar), Modern Bar, Western Bar로 구분한다.

- Classic Bar : 조용한 음악과 분위기를 느낄 수 있는 중후한 Bar
- Flair Bar : 술병으로 칵테일 쇼를 즐길 수 있는 시끄러운 Bar
- Western Bar : Flair Bar와 비슷하지만 바의 특성을 두 가지 이상 기능을 가지고 운영하는 Bar
- Modern Bar : 호텔에 있는 Bar로 조용히 술만 마시는 Bar

주장관리란 다양한 바를 경영하기 위하여 필요한 인적, 물적 자원을 효율적으로 관리하는 직무를 수행하는 관리업무이다. 또한, 주장관리에서 위생관리와 관련 법규 준수는 매우 중요하다.

※ HACCP(해썹) : HA와 CCP의 합성어로 HA(Hazard Analysis)는 위해요소분석이라 하고 CCP(Critical Control Point)는 중요관리점이라고 해서 위해중점관리의 기준이다. 즉, 식품의 원재료 생산에서부터 소비자가 섭취하기 전까지 각 단계에서 발생할 수 있는 위해요소를 규명하고 위해요소를 중점적으로 관리하는 위생관리 시스템이 법으로 보장받고 있는 것이다.

## 1    주장의 조직과 직무

- 바 매니저(Bar Manager) : 영업장의 책임자로서 모든 영업에 책임을 지는 사람으로, 영업장 관리, 고객관리, 인력관리를 담당한다.
- 캡틴/헤드 바텐더 (Head Bartender) : 바 매니저를 보좌하며 바 매니저의 부재 시 바 매니저의 업무를 수행한다.
- 바텐더(Bartender) : 업장에서 고객에게 음료를 제조하여 판매하는 직무로, 근무시간 종료 후 재고조사를 실시한다.

바의 종류는 프론트 바(Front Bar), 백 바(Back Bar) 언더 바(Under Bar)로 구성되며, 바 카운터(Bar Counter)의 사양은 높이 120cm, 넓이 40cm여야 한다.

### (1) 와인 서비스(Wine Service)

화이트 와인의 경우 8~12℃(칠링), 레드와인의 경우 15~19℃(실온)가 적합한데, 이유는 화이트 와인의 사과산은 온도가 차가울 때 더욱 Fruity하기 때문이다.

※ 호스트 테이스팅(Host Tasting) : 초대한 사람이 와인을 먼저 시음하여 이상 여부를 확인하는 것이 와인 테이블 매너이다.

## (2) 주장 관리 용어

- FIFO(First In First Out) : 선입선출
- Bin Card : 물품의 재고 및 출입상황을 기록하는 카드
- Standard Recipe : 표준 제조표
- 원가율(%) = (원가/판매가)×100
- 해피 아워(Happy Hour) : 저렴한 가격으로 음료나 스낵을 제공하는 서비스
- Cash Bar : 행사장에 임시로 설치하여 간단한 주류와 음료를 판매하는 곳
- 소믈리에(Sommelier) : 와인을 전문적으로 취급하는 와인 전문인으로 와인을 주문받아 서비스하며 와인리스트 작성, 와인의 보관 및 관리 등을 책임지는 직무이다. 콜키지 서비스/콜키지 차지(Corkage Charge) : 외부로부터 반입된 음료에 대한 서비스 대가로 받는 요금이다.

## 2 술과 건강

1991년 미국 CBS의 '60 minutes TV Talk-Show'에서 'French Paradox(프렌치 패러독스)' 방영 하였는데 프랑스인은 고지방 고칼로리로 식사를 하는데도 심혈관계 질환으로 사망하는 비율이 미국인의 1/3밖에 되지 않는다고 했다. 그 이유는 프랑스인이 즐겨 마시는 레드와인에 동맥경화 발생을 강력하게 차단하는 효과가 있는 것으로 보고되었는데, 레드와인에 많이 함유되어 있는 항산화제 성분인 폴리페놀 물질이 원인이라고 밝혀져 우리나라에도 와인 열풍이 불었다. 항산화 제란 인체 내에서 생성되는 활성산소나 자유라디칼 같은 유해 성분과 반응하여 무독화시킴으로 써 우리 몸의 산화를 방지하는 것을 말한다. 자연계에서 생성되는 대표적인 항산화 성분이 바로 이 폴리페놀로서 안토시아닌, 플라보놀, 프로안토시아니딘 등을 포함한다는 농촌진흥청의 발표 가 있었다.

## (1) 술이 인체에 미치는 영향

의학자가 이야기하는 술이 인체에 끼치는 영향으로는 술이 흡수 과정에서 위염·위산 역류 를 일으킬 가능성이 있는 것, 술이 인체에서 순환하는 과정 중 설사를 하거나 뇌기능과 면역 력을 저하시키는 것이라고 한다. 그리고 인체가 술을 해독할 때는 지방간이 발생하고 간염 및 간암을 일으킬 수도 있다고 한다. 마지막으로 술이 인체 밖으로 배출되는 과정에서 수분 을 빼앗아 피부를 건조시킨다고 한다.

**374** 바텐더가 지켜야 할 사항이 아닌 것은?

① 항상 고객의 입장에서 근무하며 고객을 공평히 대한다.

② 업장에 손님이 없을 시에도 서비스 자세를 바르게 유지한다.

③ 고객의 취향에 맞추어 서비스한다.

④ 고객과 대화를 할 경우 적극적으로 대화에 참여한다.

정답 : ④

**375** 주로 일품요리를 제공하며, 매출 증대와 고객의 기호와 편의를 도모하기 위해 그날의 특별 요리를 제공하는 레스토랑은?

① 다이닝 룸        ② 그릴

③ 카페테리아        ④ 델리카트슨

그릴(Grill)은 일반적으로 일품요리를 내놓거나 특별 요리를 제공하는 식당으로 아침, 점심, 저녁식사를 판매한다.

정답 : ②

**376** 다음 중 재고관리상 쓰이는 FIFO 용어의 뜻은?

① 정기구입        ② 선입선출

③ 임의불출        ④ 후입선출

FIFO : First In First Out(먼저 입고된 물품을 먼저 사용한다)

정답 : ②

**377** 구매된 주류에 대한 저장관리의 원칙에 해당하지 않는 것은?

① 적정온도 유지의 원칙        ② 품목별 분류저장의 원칙

③ 고가위주의 저장원칙        ④ 선입선출의 원칙

정답 : ③

**378** 프론트 바(Front Bar)에 대한 설명으로 옳은 것은?

① 주문과 서브가 이루어지는 장소로서 크기는 폭40cm, 높이 120cm가 표준이다.

② 술과 잔을 전시하는 기능을 가지고 있다.

③ 술을 저장하는 창고이다.

④ 주문과 서브가 같이 이루어지는 장소로서 일반적으로 폭 80cm, 높이 150cm가 표준이다.

프론트 바는 폭 40cm, 높이 120cm의 크기가 적당하며, 술을 저장하거나 전시하는 기능은 백 바(Back Bar)가 담당한다.

정답 : ①

**379** 애플 마티니(Apple Martini) 칵테일 원가비율을 20%에 맞추어 판매하고자 할 때, 재료비가 1,500원이라면 판매가는 얼마인가?

① 7,500원
② 8,500원
③ 9,000원
④ 10,000원

판매가격 = 재료비/원가비율*100 = 1,500/20*100 = 7,500원

정답 : ①

**380** 주장의 종류로 거리가 가장 먼 것은?

① Cocktail Bar
② Members Club Bar
③ Pup Bar
④ Snack Bar

정답 : ④

**381** 저장관리 방법 중 FIFO란 무엇인가?

① 선입선출
② 선입후출
③ 후입선출
④ 임의불출

FIFO(First In First Out)는 선입선출을 의미한다.

정답 : ①

**382** 다음 중 저장관리원칙과 거리가 가장 먼 것은?

① 저장위치 표시
② 분류저장
③ 품질 보전
④ 매상 증진

매상 증진보다는 업무를 효율적으로 관리하는 것이 저장관리 원칙의 목적이다.

정답 : ④

**383** 주장(Bar)에서 주문받는 방법으로 옳지 않은 것은?

① 가능한 빨리 주문을 받는다.
② 분위기나 계절에 어울리는 음료를 추천한다.
③ 추가 주문은 잔이 비었을 때 받는다.
④ 시간이 걸리더라도 구체적이고 명확하게 주문을 받는다.

정답 : ③

**384** 바람직한 바텐더(Bartender) 직무가 아닌 것은?

① 바(Bar) 내에 필요한 물품 재고를 항상 파악한다.

② 일일 판매할 주류가 적당한지 확인한다.

③ 바(Bar)의 환경 및 기물 등의 청결을 유지·관리한다.

④ 칵테일 조주 시 지거(Jigger)를 사용하지 않는다.

---

지거(Jigger)는 재료의 양을 측정하는 도구이므로 조주에서 매우 중요하다.

정답 : ④

**385** 바(Bar)에 대한 설명 중 틀린 것은?

① 불어의 Bariere에서 유래했다.

② 술을 판매하는 식당을 총칭하는 의미로도 사용한다.

③ 종업원만의 휴식 공간이다.

④ 손님과 바맨 사이에 가로 질러진 널판을 의미한다.

---

바(Bar)는 손님의 주문이 이루어지는 곳이므로 종업원의 휴식공간이 될 수 없다.

정답 : ③

**386** 바 카운터의 요건으로 가장 거리가 먼 것은?

① 카운터의 높이는 1~1.5m 정도가 적당하며 너무 높아서는 안 된다.

② 카운터는 넓을수록 좋다.

③ 작업대(Working Board)는 카운터 뒤에 수평으로 부착시켜야 한다.

④ 카운터 표면은 잘 닦이는 소재여야 한다.

---

바 카운터가 너무 넓으면 바텐더와 고객 간의 소통에 문제가 생길 수 있다.

정답 : ②

**387** 고객이 호텔의 음료상품을 이용하지 않고 음료를 가지고 오는 경우, 여기에 필요한 글라스, 얼음, 레몬 등과 서비스를 제공하여 받는 대가를 무엇이라 하는가?

① Rental Charge

② V.A.T(Value Added Tax)

③ Corkage Charge

④ Service Charge

정답 : ③

**388** 다음은 무엇에 대한 설명인가?

> 매매계약 조건을 정당하게 이행하였음을 밝히는 것으로 판매자가 구매자에게 보내는 서류를 말한다.

① 송장(Invoice)
② 출고전표
③ 인벤토리 시트(Inventory Sheet)
④ 빈 카드(Bin Card)

---

출고전표는 물품 출납을 기록한 간단한 쪽지, 인벤토리 시트는 재고조사표, 빈 카드는 불출입 재고기록을 말한다.

정답 : ①

**389** Key Box나 Bottle Member 제도에 대한 설명으로 옳은 것은?

① 음료의 판매회전이 촉진된다.
② 고정고객을 확보하기는 어렵다.
③ 후불이기 때문에 회수가 불분명하여 자금운영이 원활하지 못하다.
④ 주문시간이 많이 걸린다.

---

Key Box, Bottle Member란 고객의 술을 보관해두는 제도로서 단골확보에 유리하고 음료의 판매회전도 촉진시킨다.

정답 : ①

**390** 구매명세서(Standard Purchase Specification)를 사용부서에서 작성할 때 필요사항이 아닌 것은?

① 요구되는 품질요건
② 품목의 규격
③ 무게 또는 수량
④ 거래처의 상호

정답 : ④

**391** 음료가 저장고에 적정재고수준을 초과할 경우 나타나는 현상이 아닌 것은?

① 필요 이상의 유지 관리비가 요구된다.
② 기회 이익이 상실된다.
③ 판매 기회가 상실된다.
④ 과다한 자본이 재고에 묶이게 된다.

정답 : ③

**392** 다음 중 Portable Bar에 포함되지 않는 것은?

① Room Service Bar

② Banquet Bar

③ Catering Bar

④ Western Bar

---

Portable Bar는 이동식 바, Western Bar는 내부 인테리어를 목재를 사용한 바를 말한다.

정답 : ④

**393** 구매 관리 업무와 거리가 가장 먼 것은?

① 납기관리

② 시장조사

③ 우량 납품업체 선정

④ 음료상품 판매촉진 기획

정답 : ④

**394** 주장 경영 원가의 3요소로 가장 적합한 것은?

① 재료비, 노무비, 기타경비

② 재료비, 인건비, 세금

③ 재료비, 종사원 급여, 권리금

④ 재료비, 노무비, 월세와 관리비

정답 : ①

**395** 행사장에 임시로 설치해 간단한 주류와 음료를 판매하는 곳의 명칭은?

① Open Bar

② Dance Bar

③ Cash Bar

④ Lounge Bar

정답 : ③

**396** 바(Bar)의 업무 효율향상을 위한 시설물 설치방법으로 옳지 않은 것은?

① 제빙기는 가능한 바(Bar) 내에 설치한다.

② 바의 수도 시설은 믹싱 스테이션(Mixing Station) 바로 후면에 설치한다.

③ 각 얼음은 아이스 텅(Ice Tongs)에다 채워놓고 바(Bar) 작업대 옆에 보관한다.

④ 냉각기(Cooling Cabinet)는 주방 밖에 설치한다.

정답 : ④

**397** 식재료가 소량이면서 고가이거나 희귀한 아이템인 경우를 검수하는 방법으로 옳은 것은?

① 발췌 검수법
② 전수 검수법
③ 송장 검수법
④ 서명 검수법

---

검수방법에는 납품된 전 품목을 검사하는 전수검수법으로 손쉽게 검수가 가능하며, 고가 품목에 주로 하고 있다. 발췌검수법은 검수 항목이 많거나 대량구입품일 때 샘플을 뽑아 검수하는 방법으로 검수비용과 시간을 절약할 수 있다.

정답 : ②

**398** 식재료 원가율 계산 방법으로 옳은 것은?

① 기초재고＋당기매입－기말재고
② (식재료 원가/총매출액)×100
③ 비용＋(순이익/수익)
④ (식재료 원가/월 매출액)×30

정답 : ②

**399** 다음 식품위생법상의 식품접객업의 내용으로 틀린 것은?

① 휴게음식점 영업은 주로 빵과 떡 그리고 과자와 아이스크림류 등 과자점 영업을 포함한다.
② 일반음식점 영업은 음식류만 조리 판매가 허용되는 영업을 말한다.
③ 단란주점영업은 유흥종사자는 둘 수 없으나 모든 주류의 판매 허용과 손님이 노래를 부르는 행위가 허용되는 영업이다.
④ 유흥주점영업은 유흥종사자를 두거나 손님이 노래를 부르거나 춤을 추는 행위가 허용되는 영업이다.

---

일반음식점 영업은 음식뿐만 아니라 음료도 판매가 가능하다.

정답 : ②

**400** 주류의 Inventory Sheet에 표기되지 않는 것은?

① 상품명
② 전기 이월량
③ 규격(또는 용량)
④ 구입가격

정답 : ④

**401** 다음 중 올바른 음주방법과 가장 거리가 먼 것은?

① 술 마시기 전에는 음식을 먹어서 공복을 피한다.

② 본인의 적정 음주량을 초과하지 않는다.

③ 먼저 알코올 도수가 높은 술부터 낮은 술로 마신다.

④ 술을 가능한 천천히 그리고 조금씩 마신다.

정답 : ③

**402** 술의 저장 장소의 환경으로 적합한 것은?

① 따뜻하고 햇볕이 잘 드는 곳

② 습기가 많고 진동이 많은 곳

③ 서늘하고 온도 변화가 적은 곳

④ 따뜻하고 온도 변화가 많은 곳

---

술은 저장 환경에 의해 색, 향, 맛이 변질될 수 있으므로 햇빛이 들지 않고 서늘하며 습기가 약간 있는 곳에 보관해야 한다. 온도는 13℃ 내외로 연중 급격한 변화가 없고 충격이나 진동이 없는 곳이 좋으며 습도는 60~80% 정도로 유지되어야 한다.

정답 : ③

**403** 바(Bar)에서 칵테일 제품을 만들기 위해서 협조하는 구매부서(Purchasing)의 기능이 아닌 것은?

① 부자재 원가조정

② 부자재 재고관리

③ 부자재 거래처관리

④ 부자재 판매관리

정답 : ④

**404** 바(Bar)의 종류에 의한 분류에 해당하지 않는 것은?

① Jazz Bar

② Back Bar

③ Western Bar

④ Wine Bar

---

Back Bar는 바(Bar) 카운터 뒤쪽에 술병을 진열하는 선반을 말한다.

정답 : ②

**405** ( ) 안에 들어갈 말로 알맞게 짝지어진 것은?

> 바(Bar) 작업대와 가터레일(Gutter Rail)은 Bartender ( ㉠ )에 시설하고 높이는 술 붓는 것을 고객이 볼 수 ( ㉡ ) 곳에 위치해야 한다.

① ㉠ - 정면, ㉡ - 있는      ② ㉠ - 후면, ㉡ - 없는

③ ㉠ - 우측, ㉡ - 있는      ④ ㉠ - 좌측, ㉡ - 없는

정답 : ①

**406** 주장 인벤토리(Inventory) 조사 작업은 다음 중 어느 때가 가장 적합한가?

① 영업 중 한가한 시간을 택해서 한다.
② 물품을 수령한 뒤 영업개시 직전에 한다.
③ 그날의 영업이 완전히 종료된 후에 한다.
④ 영업 중 비정기적 수시로 시행한다.

Inventory는 재고라는 의미이며 영업종료 후에 재고를 조사한다.

정답 : ③

**407** Inventory Management는 무슨 관리를 뜻하는가?

① 매출관리      ② 재고관리
③ 원가관리      ④ 인사관리

정답 : ②

**408** 조주 서비스에서 Chaser의 의미는?

① 독한 술이나 칵테일을 내놓을 때 다른 글라스에 물 등을 담아 내놓는 것
② 음료를 체온보다 높인 약 62~67℃로 서빙하는 것
③ 따로 조주하지 않고 생으로 마시는 것
④ 서로 다른 두 가지 술을 반씩 따라 담는 것

체이서는 술과 함께 마시는 물을 말한다.

정답 : ①

**409** 호텔에서 호텔홍보, 판매촉진 등 특별한 접대목적으로 서비스의 일부를 무료로 제공하는 것은?

① Complimentary Service      ② Complaint
③ F/O Cashier      ④ Out Of Order

Complimentary는 호텔에서 돈을 받지 않고 제공하는 서비스를 말한다.

정답 : ①

**410** 바텐더가 술병으로 재주를 부리고 칵테일 쇼를 하는 상당히 시끄럽고 즐기기 위한 바(Bar) 의 종류는?

① Classic Bar               ② Flair Bar
③ Modern Bar             ④ Western Bar

정답 : ②

**411** 연회행사 중 사회자의 주도하에 전문가가 미리 제시한 한 가지 주제에 대하여 서로 상반된 견해를 청중 앞에서 토의하는 형태는?

① Forum               ② Panel Discussion
③ Symposium           ④ Congress

---

포럼이란 연회행사 중 사회자의 주도하에 전문가가 미리 제시한 한 가지 주제에 대하여 서로 상반된 견해를 청중 앞에서 토의하는 것을 말한다.

정답 : ①

**412** 중요한 연회 시 그 행사에 관한 모든 내용이나 협조사항을 호텔 각 부서에 알리는 행사지 시서는?

① Event Order          ② Check-Up List
③ Reservation Sheet      ④ Banquet Memorandum

---

이벤트 오더(Event Order)란 중요한 연회 시 그 행사에 관한 모든 내용이나 협조사항을 호텔 각 부서에 알리는 행사지시서이다.

정답 : ①

**413** 레스토랑에서 'Beef Stake Medium Well'라는 주문을 'B/Steak(M/W)'등의 약자로 사용 하는 것을 무엇이라 하는가?

① Give Away           ② Order Taking
③ Daily Special Menu     ④ Abbreviation

---

Abbreviation이란 '약어'라는 의미로 레스토랑 직원들끼리 임의로 만들어 사용하는 단어를 말한다.

정답 : ④

**414** 다음 중 주장 원가의 3요소로 옳은 것은?

① 인건비, 재료비, 주장경비
② 재료비, 주장경비, 세금
③ 인건비, 봉사료, 주장경비
④ 주장경비, 세금, 봉사료

정답 : ①

**415** 주장관리에서 핵심적인 원가의 3요소는?

① 재료비, 인건비, 주장경비

② 세금, 봉사료, 인건비

③ 인건비, 주세, 재료비

④ 재료비, 세금, 주장경비

정답 : ①

**416** 바에서 사용하는 House Brand의 의미는?

① 널리 알려진 술 종류

② 지정 주문이 아닐 때 쓰는 술 종류

③ 상품(上品)에 해당하는 술 종류

④ 조리용으로 사용하는 술 종류

정답 : ②

**417** 아래의 자료에 의한 예상 목표 매출액은?

- 예상목표이익 : 2,000만원
- 예상매출총이익률 : 20%
- 부대비용예상액 : 1,000만원

① 3,000만원

② 3,600만원

③ 1억원

④ 1억 5천만원

예상매출 총 이익률(%) = (예상목표 이익+고정비용)/예상목표 매출액

정답 : ④

**418** 어떤 업장의 현황이 아래와 같을 때 월 재고회전율은?

월초재고(전달의 월말재고)=5,650원, 월말재고(다음 달의 월초재고)=5,350원
총매출원가=9,900원

① 0.9회            ② 1.75회

③ 1.8회            ④ 1.85회

월 재고 회전율 = 총매출원가/(월초+월말)/2

정답 : ③

**419** 주장(Bar)에 대한 설명으로 틀린 것은?

① 프랑스어의 Bariere에서 유래된 말이다.

② Bar는 손님과 바텐더를 연결해 주는 널판이다.

③ Bartender는 Bar와 Tender의 합성어이다.

④ Flair는 Bar를 부드럽게 만드는 사람이라는 의미이다

Flair(플레이어)는 '재주가 있다'라는 뜻으로 바텐더가 쇼까지 하는 것을 말한다.

정답 : ④

**420** 구매 관리와 관련된 원칙에 대한 설명으로 옳지 않은 것은?

① 먼저 반입된 저장품부터 소비한다.

② 필요한 물품반입은 휴점 시간을 활용한다.

③ 공급업자와의 유대 관계를 고려하여 검수과정은 생략한다.

④ 정확한 재고조사를 기준으로 적정 재고량을 확보한다.

검수과정은 물품 구매 시 매우 중요한 과정이므로 반드시 필요하다.

정답 : ③

**421** 바(Bar)에서 유리잔(Glass)을 취급 · 관리하는 방법으로 잘못된 것은?

① Cocktail Glass는 목 부분(Stem)의 아래쪽을 잡는다.

② Wine Glass는 무늬를 조각한 크리스털 잔을 사용하는 것이 좋다.

③ Brandy Glass는 잔의 받침(Foot)과 볼(Bowl) 사이에 손가락을 넣어 감싸 잡는다.

④ 냉장고에서 차게 해둔 잔이라도 사용 전 반드시 파손과 청결상태를 확인한다.

Wine Glass는 몸통이 둥글고 투명한 유리이며, 윗부분은 작아지는 형태는 와인 향을 모아주고 맛의 깊이를 살린다.

정답 : ②

**422** 메뉴구성에서 산지, 빈티지, 가격 등이 포함되는 품목과 거리가 먼 것은?

① 칵테일

② 와인

③ 위스키

④ 브랜디

칵테일과 같은 혼합음료는 산지, 가격 등과 상관이 없다.

정답 : ①

**423** 다음의 바 수익관리에 관련된 용어에서 설명이 틀린 것은?

① 수익(Revenue Income) : 총수익에서 모든 비용을 빼고 남은 금액

② 비용(Expense) : 상품 등을 생산하는 데 필요한 여러 생산요소에 지불하는 대가

③ 총수익(Gross Profit) : 전체음료의 판매수익에서 판매된 음료에 소요된 비용을 제한 것

④ 감가상각비(Depreciation) : 시간의 흐름에 따른 자산의 가치 감소를 회계에 반영하는 것

---

Revenue Income은 매출수입이라는 의미이다.

정답 : ①

**424** 영업 마감 후 남은 물량을 품목별로 재고 조사하는 것을 무엇이라 하는가?

① Daily Issue
② Par Stock
③ Inventory Management
④ FIFO

---

재고관리라고 하며 Inventory Management라 한다.

정답 : ③

**425** Apple Martini 칵테일 원가비율을 20%에 맞추어 판매하고자 할 때, 재료비가 1,500원이라면 판매가는 얼마인가?

① 7,500원
② 8,500원
③ 9,000원
④ 10,000원

---

판매가격 = 재료비/원가비율*100 = 1,500/20*100 = 7,500원

정답 : ①

**426** 다음 중 주장의 영업 허가가 되는 근거 법률로 옳은 것은?

① 외식업법
② 음식업법
③ 식품위생법
④ 주세법

---

식품과 관련된 접객업이므로 식품위생법에 따른다.

정답 : ③

**427** 출고 시 선입선출(FIFO : First In First Out)의 원칙을 지켜야 하는 이유로 옳은 것은?

① 부패에 의한 손실을 최소화하기 위함이다.
② 정확한 재고조사를 하기 위함이다.
③ 적정 재고량(Par Stock)을 저장하기 위함이다.
④ 유효기간을 파악하기 위함이다.

---

섭입선출을 하는 대표적인 품목이 맥주인데, 그 목적은 부패를 방지하는 것에 있다.

정답 : ①

**428** 식료와 음료를 원가관리측면에서 비교할 때 음료의 특성에 해당하지 않는 것은?

① 저장 기간이 비교적 길다.
② 가격 변화가 심하다.
③ 재고조사가 용이하다.
④ 공급자가 한정되어 있다.

정답 : ②

**429** 다음 중 제품을 생산하기까지 소비된 직접재료비, 직접노무비, 직접경비를 합산한 원가는?

① 제조원가
② 직접원가
③ 총원가
④ 판매원가

---

직접원가 = 직접재료비+직접노무비+직접경비

정답 : ②

**430** 다음 중 바의 매출증대 방안으로 적절하지 않은 것은?

① 고객만족을 통해 고정고객을 증가시키고, 방문 빈도를 높인다.
② 고객으로 하여금 자연스러운 추가주문을 증가시키고, 다양한 세트 메뉴를 개발하여
주문 선택의 폭을 넓혀준다.
③ 메뉴의 가격 인상을 통한 매출증대에만 의존한다.
④ 고객관리카드를 작성하여 고객의 생일이나 기념일 또는 특별한 날에 DM을 발송한다.

정답 : ③

**431** 주장 서비스의 부정요소와 직접적인 관계가 없는 것은?

① 개인용 음료판매가
② 칵테일 표준량의 속임
③ 무료 서브의 남용
④ 요금계산의 정확성

---

요금계산은 계산대에서 계산원이 POS기나 컴퓨터로 처리하기 때문에 주장 서비스의 부정요인과는 관련이
없다.

정답 : ④

**432** 실제원가가 표준원가를 초과하게 되는 원인이 아닌 것은?

① 재료의 과도한 변질 발생

② 도난 발생

③ 계획대비 소량생산

④ 잔여분의 식자재 활용 미숙

---

실제원가는 실제로 발생한 직접재료비, 직접노무비, 제조간접비를 근거로 산출한 원가이므로 일정기간동안 발생한 비용을 근거로 사후 발생비용을 산출하는 원가이며, 표준원가는 사전에 설정된 표준원가를 근거로 산출한 원가이다.

정답 : ③

**433** 다음 중 남은 재료를 파악하는 것으로서 구매수준에 영향을 미치는 것은?

① Inventory

② FIFO

③ Issuing

④ Order

---

Inventory는 재고조사를 말한다.

정답 : ①

**434** 다음 중 프랜차이즈업의 특징으로 옳은 것은?

① 수익성이 높다.

② 사업에 대한 위험도가 높다.

③ 자가운영의 어려움이 있다.

④ 대량구매로 원가절감에 도움이 된다.

---

프랜차이즈는 본사에서 여러 물품을 대량구매하기 때문에 원가절감이 된다.

정답 : ④

**435** 주장 종사원(Waiter)의 직무에 해당하는 것은?

① 바(Bar) 내부의 청결을 유지한다.

② 고객으로부터 주문을 받고 봉사한다.

③ 보급품과 기물주류 등을 창고로부터 보급받는다.

④ 조주에 필요한 얼음을 준비한다.

---

주장 종사원(Waiter)은 고객에게 직접 주문을 받고 서빙을 하는 업무를 담당한다.

정답 : ②

**436** 바텐더가 음료를 관리하기 위해서 반드시 필요한 것이 아닌 것은?

① Inventory

② FIFO

③ 유통기한

④ 매출

---

매출은 바텐더보다는 매니저가 관리한다.

정답 : ④

**437** 다음 중 바텐더의 직무가 아닌 것은?

① 글라스류 및 칵테일용 기물을 세척 · 정돈한다.

② 여러 가지 종류의 와인에 대하여 충분한 지식을 가지고 서비스한다.

③ 고객이 바 카운터에 있을 때 바텐더는 항상 서 있어야 한다.

④ 호텔 내외에서 거행되는 파티도 돕는다.

---

고객이 바 카운터에 있다고 해서 항상 바텐더가 서 있을 필요는 없다. 고객이 필요한 주문이나 요구를 할 때 마다 대화를 하면 된다.

정답 : ③

**438** 바텐더의 자세로 가장 바람직하지 못한 것은?

① 영업 전후 Inventory 정리를 한다.

② 유통기한을 수시로 체크한다.

③ 손님과의 대화를 위해 뉴스, 신문 등을 자주 본다.

④ 고가의 상품을 판매를 위해 손님에게 추천한다.

정답 : ④

**439** 바텐더가 Bar에서 Glass를 사용할 때 가장 먼저 체크해야 할 사항은?

① Glass의 파손 여부

② Glass의 청결 여부

③ Glass의 재고 여부

④ Glass의 온도 확인

정답 : ①

**440** 바(Bar) 영업을 하기 위한 Bartender의 역할이 아닌 것은?

① 음료에 대한 충분한 지식을 숙지하여야 한다.

② 칵테일에 필요한 Garnish를 준비한다.

③ Bar Counter 내의 청결을 수시로 관리한다.

④ 영업장의 책임자로서 모든 영업에 책임을 진다.

---

모든 영업에 책임을 지는 것은 매니저나 지배인의 업무이다.

정답 : ④

**441** 바 웨이터의 역할로 거리가 먼 것은?

① 음료의 주문 그리고 서비스를 담당한다.

② 영업시간 전에 필요한 사항을 준비한다.

③ 고객을 위해서 테이블을 재정비한다.

④ 칵테일을 직접 조주한다.

---

칵테일을 직접 조주하는 것은 바텐더의 역할이다.

정답 : ④

**442** 주장 지배인의 직무에 대한 설명으로 틀린 것은?

① 풍부한 지식을 가지고 직원의 교육 · 훈련을 담당한다.

② 고객서비스를 지휘 · 감독하고 고객관리에 만전을 기한다.

③ 고객에 대한 접객 서비스는 직원들에게 모두 일임한다.

④ 원가계산을 할 수 있어야 하며 월말재고조사를 실시한다.

---

주장 지배인은 주장의 영업과 관리를 책임지고 음료에 대한 풍부한 지식을 가지고 부하직원을 교육시키며 고객 영접 및 VIP서비스를 담당한다. 또한 직원들의 근무편성표를 작성하고 음료의 재고관리와 영업일지와 각종 기물을 점검한다. 그 외 표준칵테일 레시피를 만들어 각 업장에 있는 바텐더들에게 배부 · 비치하는 일도 담당한다.

정답 : ③

**443** 조주원의 직무에 관한 설명 중 틀린 것은?

① 주문에 의하여 신속 정확하게 조주 · 제공한다.

② 칵테일은 수시로 자기 아이디어에 따라 조주한다.

③ 글라스류와 바 기물을 세척하고 청결상태를 유지한다.

④ 영업 시작 전 그날의 소요품을 수령한다.

---

조주원은 표준 레시피를 지켜야 한다.

정답 : ②

**444** 주장 바텐더의 직무 태도와 관련이 먼 것은?

① 봉사성(Service)
② 청결성(Cleanliness)
③ 환대성(Hospitality)
④ 인지성(Acknowledgment)

정답 : ④

**445** 바텐더가 영업시작 전에 준비하는 업무가 아닌 것은?

① 충분한 얼음을 준비한다.
② 글라스의 청결도를 점검한다.
③ 레드 와인을 냉각시켜 놓는다.
④ 필요한 과일 등을 준비해 둔다.

───────────────────────────────

와인을 냉각시키는 등의 와인 취급은 소믈리에의 역할이다.

정답 : ③

**446** 접객 서비스의 책임자로서 접객원들의 교육훈련 및 관리를 담당하며, 접객 서비스 업무를
수행하는 종사원은?

① FB 매니저(Food Beverage Manager)
② 바 매니저(Bar Manager)
③ 바 캡틴(Bar Captain)
④ 바텐더(Bartender)

───────────────────────────────

FB 매니저는 식음료부서를 관리하는 매니저, 바 매니저는 지배인, 바텐더는 조주사이다.

정답 : ③

**447** 주세법상 주류에 대한 설명으로 괄호 안에 들어갈 알코올분으로 알맞게 연결된 것은?

주류란 알코올분 ( ㉠ ) 이상의 음료를 말한다. 단 약사법에 따른 의약품으로서 알코올
분이 ( ㉡ ) 미만의 것은 제외한다.

① ㉠ - 1%, ㉡ - 6%
② ㉠ - 2%, ㉡ - 4%
③ ㉠ - 1%, ㉡ - 3%
④ ㉠ - 2%, ㉡ - 5%

정답 : ①

**448** 다음 중 알코올 농도의 정의로 맞는 것은?

① 4℃에서 원용량 100분 중에 포함되어 있는 알코올분의 용량

② 15℃에서 원용량 100분 중에 포함되어 있는 알코올분의 용량

③ 4℃에서 원용량 100분 중에 포함되어 있는 알코올분의 질량

④ 20℃에서 원용량 100분 중에 포함되어 있는 알코올분의 용량

정답 : ②

**449** 다음 중 주세법상 알코올분의 정의는?

① 원용량에 포함되어 있는 에틸알코올(15℃에서 0.7947의 비중을 가진 것)

② 원용량에 포함되어 있는 에틸알코올(15℃에서 1의 비중을 가진 것)

③ 원용량에 포함되어 있는 메틸알코올(15℃에서 0.7947의 비중을 가진 것)

④ 원용량에 포함되어 있는 메틸알코올(15℃에서 1의 비중을 가진 것)

정답 : ①

**450** 우리나라 주세법에 의한 정의 및 규격이 잘못 설명된 것은?

① 알코올분의 도수 : 15℃에서 원용량 100분 중에 포함되어 있는 알코올분의 용량

② 불휘발분의 도수 : 15℃에서 원용량 $100cm^3$ 중에 포함되어 있는 불휘발분의 g수

③ 밑술 : 전분물질에 곰팡이를 번식시킨 것

④ 주조연도 : 매년 1월 1일부터 12월 31일까지의 기간

밑술은 효모를 배양 증식한 것, 당분이 함유된 물질을 알코올 발효시킬 수 있는 재료이다.

정답 : ③

**451** 다음 중 주세법상 용어의 정의로 틀린 것은?

① 술덧 : 주류의 원료가 되는 물료를 발효시킬 수 있는 수단을 가한 때부터 주류를 제성 하거나 증류한 후의 상태에 있는 물료

② 국 : 전분물질에 곰팡이를 번식시킨 것

③ 알코올분 : 원용량에 포함되어 있는 에틸알코올

④ 주류 : 알코올분 1도 이상의 음료

술덧은 주류의 원료가 되는 물료를 발효시킬 수 있는 수단을 가한 때부터 주류를 제성하거나 증류하기 직전까지의 상태에 있는 물료이다.

정답 : ①

**452** 주세법상 용어의 정의로 틀린 것은?

① 밑술 : 효모를 배양 · 증식한 것으로 당분이 포함되어 있지 않은 물질을 알코올 발효 시킬 수 있는 물료

② 주조연도 : 매년 1월 1일부터 12월 31일까지의 기간

③ 알코올분 : 원용량에 포함되어 있는 에틸알코올

④ 주류 : 알코올분 1도 이상의 음료

밑술은 효모를 배양, 증식한 것으로서 당분이 포함되어 있는 물질을 알코올 발효시킬 수 있는 물료를 말한다.

정답 : ①

**453** 주류에 따른 일반적인 주정 도수의 연결이 틀린 것은?

① Beer : 4~11% alcohol by volume

② Vermouth : 44~45% alcohol by volume

③ Fortified Wines:18~21% alcohol by volume

④ Brandy : 40% alcohol by volume

베르무트(Vermouth)는 포도주에 브랜디나 당분을 섞고, 향쑥 · 용담 · 키니네 · 창포뿌리 등의 향료나 약초를 넣어 향미를 낸 도수 16~21%의 리큐르로, 원래 식전에 식욕을 촉진하기 위하여 애피타이저 와인으로 만든 것이지만 칵테일 재료로서도 널리 쓰인다.

정답 : ②

**454** 주류의 주정도수가 높은 것부터 낮은 순서대로 나열된 것으로 옳은 것은?

① Vermouth 〉 Brandy 〉 Fortified Wine 〉 Kahlua

② Fortified Wine 〉 Vermouth 〉 Brandy 〉 Beer

③ Fortified Wine 〉 Brandy 〉 Beer 〉 Kahlua

④ Brandy 〉 Galliano 〉 Fortified Wine 〉 Beer

주정도수(높은 순서) : 증류주 〉 혼성주 〉 주정강화 와인 〉 맥주(양조주)

정답 : ④

**455** 소주병에 350ml, 25%라고 기재되어있을 때 에틸알코올의 양은?

① 87.5ml

② 45ml

③ 70.5ml

④ 60ml

정답 : ①

**456** 간을 보호하는 음주법으로 가장 바람직한 것은?

① 도수가 높은 술에서 낮은 순으로 마신다.

② 도수가 낮은 술에서 높은 순으로 마신다.

③ 도수와 관계없이 개인의 기호대로 마신다.

④ 여러 종류의 술을 섞어 마신다.

정답 : ②


**457** 다음 중 술과 체이서(Chaser)로서 잘 어울리지 않는 것은?

① 위스키 – 광천수

② 진 – 토닉워터

③ 보드카 – 사이다

④ 럼 – 오렌지 주스

체이서는 독한 술을 마실 때 입가심을 위해 마시는 물이나 음료이다.

정답 : ③


**458** Cocktail Party에 안주로 가장 어울리는 것은?

① 오렌지(Orange)

② 레몬(Lemon)

③ 체리(Cherry)

④ 카나페(Canape)

카나페는 얇은 빵에 캐비어, 치즈 등을 바른 전채 요리로 칵테일 파티의 음식으로 적합하다.

정답 : ④

# 음료 및 서비스 영어

조주기능사 필기시험 60문제 중 51~60번까지의 10문제는 영어 문제이다. 5년 동안 출제된 영어 문제를 분석한 결과 한글 문제에서 영어로 변환된 문제가 출제되었고, 서비스 영어는 업장에서 주로 사용되는 주문 관련 영어 문제에 집중되어 있다.

## 1  음료 영어

- Alcohol drink distilled from rye or wheat drunk in Russia. : Vodka
- It was originally made in Russia, from Potatoes, but in the United States it is usually distilled from grain, primarily corn and wheat. : Vodka
- Compounded liquor (혼성주)
- What is Rum made from? : Sugar cane
- Which is the correct one as a base of Diki-Diki in the following : Brandy
- Select the cocktail based Vodka in the following. : Bloody marry
- Distilled : 증류된
- It was invented in the 1600s by a Dutch professor of medicine known as Doctor Sylvius, who made an aqua vitae from grain flavored with juniper berries. What is this? : Gin
- Please, select the cocktail based Brandy in the following. : B&B Cocktail
- Which of the following are made from grape? : Brandy
- What does 'V.S.O.P.' on a bottle of Brandy mean? : Very Special(Superial) Old Pale.
- Please, select the cocktail based wine in the following. : Sangria
- Which is not scotch whisky? Bourbon, Ballentine, Cutty sark, VAT69
- Which is the correct one as a base of Pink Lady Cocktail in the following? Gin
- Select the cocktail based Gin in the followings. : Bulldog Highball
- Which one is made with vodka, orange juice and galliano? : Harvey Wallbanger
- This is produced in Italy and made with apricot and almonde. : Amaretto

- Fermentation is the chemical process in which yeast breaks down sugar in solution into carbon dioxide and alcohol.
- Which is correct one as a base of Rusty Nail in the following? : Whisky
- Ice bucket = Ice pail
- Which one is the cocktail containing gin, vermouth and olive? : Martini
- Which country does Bailey's come from? : Island
- Shaker is composed of three parts. : Cap, Stainer, Body
- Which is the correct one as a base of side car in the following? : Brandy
- What kind of wine is good for the entree? : Red wine
- I would suggest white wine to go with your salmon.
- Which wine are served with meat? : Red wine
- Please, select one of the Table wine in the following. : Red Wine
- Any liqueur with sugar in it could be subjected to the chemical process of fermentation if a yeast is available to serve as the catalyst.
- Which is the correct are as a base of Devil's in the following. : Wine
- Select one of the dessert wine in the following. : Sweet white wine
- The cold, sweet, non-alcoholic drink which is often charged with gas. : soft drink
- The white sparkling French wine because it is charged with gas. : Champagne
- A fortified yellow or brown wine of Spanish origin with a distinctive nutty flavor. : Sherry
- What is yellow or brown fortified wine originally from spain. : Sherry
- What is the meaning of port wine? : Port wine is Portugal wine.
- Which drink is prepared with Gin? : Tom collins
- The smell of a wine when it's young that reveals its grape. : Aroma
- 'As Wine ages, Its original aroma changes with maturity'. : Bouquet
- What is the meaning of port wine? : Port wine is Portugal wine.
- Please, select one of spices in the following. : Mint, Cinnamon, Nutmeg, Clove
- What is the name of coffee liqueur? : Kalhua
- Which of the following wines should be served not chilled but at room-temperature? : Red Wine

- May I take your order?
- What would you like?
- Are you ready to order?
- May I some have coffee please?
- Are you through, sir? 식사 다 드셨습니까?
- I am sorry to have kept you waiting. 기다리게 해서 미안합니다.
- I'd like to have another drink. 한잔 더 주세요.
- What would you like to buy ? 무엇을 구매하시겠습니까?
- Thank you for inviting me. 초청해주셔서 감사합니다.
- We'd like to have another round, please. 마시던 걸로 전부 한 잔씩 더 돌리시오.
- What are you looking for? 당신은 무엇을 찾고 있습니까?
- Have you ever been to the bar?
- How long have you been in korea.
- This bar is cleanded by bar help every morning.
- The post office is close to the hotel.
- An air conditioner is what controls the room temperature.
- In speaking of fruit, the opposite of 'green' is ripe.
- A table for three, sir ? Please, come this way.
- Please help yourself to the coffee before it gets cold.
- An air conditioner is what controls the temperature in a room.
- I'm sorry, but Tom Collins is not on the wine list.
- Ten years have passed since I came here.
- It is also a part of your job to make polite and friendly small talk with customers to make them feel at home.
- What is the helper of a bartender called? Bar helper
- This bar is cleaned by bar helper every morning.
- I am buying drinks tonight. What's the occasion?
- Mixed drinks are increasingly being ordered 'on the rocks'. On the ice
- What are used to measure out liquors for cocktails, highball, and other mixed drinks? Jiggers
- Please help yourself to the coffee before it gets cold.

- Are you free this evening?
- She takes a good picture. This baggage takes much room.
- We found fallen leaves here and there.
- May I have some ice, please?
- Ten years have passed since I came here.
- Which do you like better coffee or beer?
- I'll have a glass of red wine, please.
- I'll bring it soon. I'll get you it, thanks. Thank you, OK.
- May I take your order, sir?
- Are you interested in making cocktail.
- I have been to Seoul before.
- This is the hotel where we stayed.
- Our shuttle bus leaves here 10 times a day.
- The waitress goes to get champagne for Christie and Paul. She returns. Pours the champagne and asks if they are ready to order dinner.
- Put all ingredients with half a cup of crushed ice into a blender.
- I don't like liquor.
- Which do you like better whisky or brandy?
- How about a drink with me this evening?

**459** Choose a drink that can be served before a meal.

① Table Wine      ② Dessert Wine

③ Aperitif Wine      ④ Juice

---

식전주 와인(입맛을 돋우기 위해 식사하기 전에 마시는 술)을 찾는 문제로 Aperitif Wine이다.

정답 : ③

**460** "전화 연결 상태가 좋지 않습니다. 좀 더 크게 말씀해주시겠습니까?"의 가장 적합한 표현은?

① The connection is bad. Will you speak louder?

② The contact is bad. Will you tell louder?

③ The line is bad. Will you talk louder?

④ The touch is bad. Will you say louder?

정답 : ①

**461** 다음 ( ) 안에 들어갈 단어로 알맞은 것은?

> A bartender must ( ) his helpers waiters of waitress. He must also ( ) various kinds of records, such as stock control, inventory, daily sales report, purchasing report and so on.

① take, manage      ② supervise, handle

③ respect, deal      ④ manage, careful

---

바텐더는 바텐더 보조를 관리하고(supervise) 재고관리, 매출관리 등을 기록한다(handle).

정답 : ②

**462** 다음 ( ) 안에 들어갈 알맞은 것은?

> For spirits the alcohol content is expressed in terms of proof, Which is twice the percentage figure. thus a 100-proof whisky is ( ) percent alcohol by volume.

① 100      ② 50

③ 75      ④ 25

---

100proof를 %로 계산하는 문제이다. 1proof = 0.5% 이므로 100proof÷2 = 50 ∴ 100proof = 50%

정답 : ②

**463** "이 곳은 우리가 머물렀던 호텔이다."의 표현으로 옳은 것은?

① This is a hotel that we staying.

② This is the hotel where we stayed.

③ This is a hotel it we stayed.

④ This is the hotel where we stay.

정답 : ②

**464** 다음 ( ) 안에 들어갈 알맞은 것은?

Who is the tallest, Mr. Kim, Lee, ( ) Park?

① and

② or

③ with

④ to

김씨, 이씨, 박씨 중에서 가장 키가 큰 사람은?

정답 : ②

**465** Select the cocktail based on vodka in the following.

① Pink Lady

② Kiss of Fire

③ Honeymoon Cocktail

④ Olympic

보드카를 베이스로 하는 칵테일은 키스 오브 파이어이다.

정답 : ②

**466** The post office is ( ) the Hotel.

① close

② closed by

③ close for

④ close to

우체국은 호텔 아주 가까이에 있다.

* close to~ : 아주 가까이

정답 : ④

**467** 다음 밑줄 친 부분에 들어갈 말로 알맞은 말은?

A : I am buying drinks tonight.
B : _____

① What happened?
② What's wrong with you?
③ What's the matter with you?
④ What's the occasion?

---

오늘밤 술 한 잔 사겠다고 하는 A의 말에 대한 B의 대답
* occasion : 특별한 행사

정답 : ④

**468** 다음 문장이 의미하는 것은?

Why don't you come out yourself?

① 속마음을 이야기해 보는 것이 어때?
② 왜 나오지 않는 거니?
③ 왜 너 스스로 다 하려고 하니?
④ 네 의견은 무엇이니?

---

* Why don't you ~ : ~해 주시겠어요?(해 줄래?, 해 볼래?)

정답 : ①

**469** 다음 밑줄의 의미와 동일한 표현은?

You don't have to go so early.

① have not
② do not
③ need not
④ can not

---

* have to는 need와 동일한 의미

정답 : ③

**470** 다음 영문의 (   ) 안에 들어갈 알맞은 말은?

> May I (   ) you a cocktail before dinner?

① put
② service
③ take
④ bring

---

식사 전에 칵테일 한 잔 드릴까요?
* Provide, Bring : 제공하다.

정답 : ④

**471** 다음 (   ) 안에 들어갈 적합한 단어는?

> May I have (   ) coffee, please?

① some
② many
③ to
④ only

---

커피 한 잔 주세요.

정답 : ①

**472** Choose a wine that can be served before meal.

① Table Wine
② Dessert Wine
③ Aperitif Wine
④ Port Wine

---

식사 전에 마시는 와인(Aperitif, 식전주)을 고르시오.

정답 : ③

**473** 다음 (   ) 안에 들어갈 알맞은 것은?

> Our shuttle bus leaves here 10 times (   ).

① in day
② the day
③ day
④ a day

---

셔틀버스는 하루에 10번 여기서 출발한다.
* a day : 매일
  the day : 특별한 날

정답 : ④

**474** 다음은 어떤 도구에 대한 설명인가?

> Looks I like a wooden pestle, the flat end of which is used to crush and combine ingredients in a serving glass or mixing glass.

① Shaker
② Muddler
③ Bar spoon
④ Strainer

---

서빙 글라스 또는 믹싱글라스에 얼음과 재료를 넣고 사용하는 나무막대기와 같은 모양으로 생긴 도구를 머들러라고 한다. 머들러는 얼음을 부수거나 재료를 섞을 때 셰이킹 기법이나 스터링 기법에 이용되는 도구이다.

정답 : ②

**475** 다음 ( ) 안에 들어갈 적당한 말은?

> You ( ) drink your milk while it's hot.

① will
② should
③ shall
④ have

---

뜨거울 때 우유를 마셔야 한다.
* should : 당연히 ~해야 한다.

정답 : ②

**476** 아래와 같은 의미로 사용되는 것은?

> – 죄송합니다.[격식] (자기 말이나 행동에 대해 사과를 표함)
> – 뭐라고요?[다시 한 번 말씀해 주세요.] (상대방의 말을 잘 알아듣지 못했을 때)

① I'm sorry. I don't know.
② What are you talking about?
③ I beg your pardon.
④ What did you say?

---

Excuse me를 사용하기도 하지만 I beg your pardon이 더 정중한 표현이다.

정답 : ③

**477** 다음 물음에 대한 대답으로 적절하지 않은 것은?

> How long have you worked for your hotel?

① For 5 years.　　　　② Since 1982.
③ 10 years ago.　　　④ Over the last 7 years.

호텔에서 근무한지 얼마나 되었습니까?

정답 : ③

**478** Which terminology of the following is not related to cocktail-making?

① Straining
② Beating
③ Stirring
④ Shaking

칵테일 조주와 연관이 없는 전문용어는?
* Beating : 두들기다.

정답 : ②

**479** 다음 (　)에 들어갈 표현으로 알맞은 것은?

> I'm sorry, but Ch. Margaux is not (　) the wine list.

① on　　　　② of
③ for　　　　④ against

죄송합니다만 샤또 마고(Ch. Margaux)는 와인 목록에(on the wine list) 없습니다.

정답 : ①

**480** As a rule, the dry wine served (　).

① in the meat course
② in the fish course
③ before dinner
④ after dinner

원칙에 따라 (저녁식사 전에) 드라이 와인이 서비스되었다.

정답 : ③

**481** Which of the following is not correct in the blank?

> As a bar man, you would suggest guest to have one more drink.
> Say : (            )

① The same again, Sir?

② One for the road?

③ I have another waiting on ice for you.

④ Cheers, Sir!

---

바 종사원이 고객에게 한잔 더 권할 때 할 수 있는 말이 아닌 것은?

* Cheers, Sir! : 건배합시다.

정답 : ④

**482** 다음 중 "실례했습니다."의 표현과 관계가 먼 것은?

① I'm sorry to have disturbed you.

② I'm sorry to have troubled you.

③ I hope I didn't disturb you.

④ I'm sorry I didn't interrupt you.

---

I'm sorry interrupt you는 말씀 도중 죄송합니다.

정답 : ④

**483** 다음 (    ) 안에 들어갈 알맞은 것은?

> Bring us (        ) round beer.

① each                          ② another

③ every                         ④ all

---

* another round : 한 잔 돌리다.

정답 : ②

**484** "우리 호텔을 떠나십니까?"로 알맞은 표현은?

① Do you start our hotel?

② Are you leave our hotel?

③ Are you leaving our hotel?

④ Do you go our hotel?

정답 : ③

**485** 다음 중 다른 보기들과 의미가 다른 것은?

A. May I take your order?
B. Are you ready to other?
C. What would you like, Sir?
D. How would you like, Sir?

① A　　　　　　　　　② B
③ C　　　　　　　　　④ D

A, B, C는 주문에 관련된 내용이다. D는 How would you like (your steak), sir? 스테이크를 어떻게 해드릴까요?

정답 : ④

**486** 다음 (　) 안에 들어갈 단어로 적합한 것은?

I'd like a stinger please, make it very (　　), but not to strong, please.

① Hot　　　　　　　　② Cold
③ Sour　　　　　　　　④ Dry

저는 스팅어 칵테일 부탁해요. 스팅어 칵테일을 매우 (차갑게), 그러나 강하지 않게 만들어주세요.

정답 : ②

**487** 다음 (　) 안에 들어갈 말로 적합한 것은?

W : Good evening, mr. Carr. How are you this evening?
G : Fine, and you, mr. Kim?
W : Very well, thank you. What would you like to try tonight?
G : (　　　　　　)
W : A whisky, no ice, no water. Am i correct?
G : Fantastic!

① Just one for my health, please.

② One for the road.

③ I'll stick to my usual.

④ Another one please.

오늘은 무엇으로 하시겠습니까? 질문에 대한 적절한 대답을 찾으면 된다.
* usual : 일상의

정답 : ③

**488** "This milk has gone bad."의 의미는?

① 이 우유는 상했다.
② 이 우유는 맛이 없다.
③ 이 우유는 신선하다.
④ 우유는 건강에 나쁘다.

정답 : ①

**489** "당신은 무엇을 찾고 있습니까?"의 올바른 표현은?

① What are you look for?
② What do you look for?
③ What are you looking for?
④ What is looking for you?

정답 : ③

**490** Which is the vodka based cocktail in the following?

① Paradise Cocktail
② Million Dollars
③ Stinger
④ Kiss of Fire

보드카를 기본주로 사용한 칵테일은 키스 오브 파이어(Kiss of Fire)이다.

정답 : ④

**491** Which one is the cocktail containing "bourbon, lemon, and sugar"?

① Whisper of Kiss
② Whiskey Sour
③ Western Rose
④ Washington

Sour라는 의미는 신맛으로 레몬과 같은 신맛이 나는 부재료가 들어가는 칵테일이다.

정답 : ②

**492** Which one is the cocktail to serve not to mix?

① B&B                    ② Black Russian
③ Bull shot              ④ Pink Lady

혼합하지 않고 띄우기(Floating)기법으로 만든 칵테일은 B&B이다.

정답 : ①

**493** "First Come First Served"의 의미는?

① 선착순                    ② 시음회
③ 선불제                    ④ 연장자순

---

먼저 입장한 고객 순이라는 뜻이다.

정답 : ①

**494** What is an alternative form of "I beg your pardon?"?

① Excuse me
② Wait for me
③ I'd like to know
④ Let me see

---

I beg your pardon?은 Excuse me와 같은 의미로, 한 번 더 말씀 해 주시겠어요? 상대의 말을 잘 못 들었을 때 사용하는 표현이다.

정답 : ①

**495** 다음 중 밑줄 친 change가 나머지 셋과 다른 의미로 쓰인 것은?

① Do you have change for a dollar?
② keep the change.
③ I need some change for the bus.
④ let's try a new restaurant for a change.

---

①~③의 change는 잔돈이라는 뜻으로 쓰였고, ④의 change는 변화의 의미로 쓰였다.

정답 : ④

**496** 다음 (    ) 안에 들어갈 적합한 것은?

Are you interested in (            )?

① make cocktail
② made cocktail
③ making cocktail
④ a making cocktail

---

* interest in + ∼ ing : ∼하는 것에 흥미를 느끼다.

정답 : ③

**497** 다음 ( ) 안에 들어갈 적합한 것은?

> A bartender must ( ) his helpers, waiters and waitress. he must also ( ) various kinds of records, such as stock control, inventory, daily sales report, purchasing report and so on.

① take, manage                    ② supervise, handle

③ respect, deal                    ④ manage, careful

---

바텐더는 웨이터와 웨이트리스, 보조원들을 감독해야 하고 구매, 일일판매보고서, 재고관리 등 여러 종류의 기록을 취급해야 한다.

\* supervise : 감독하다.

　handle : 다루다.

정답 : ②

**498** 다음 ( ) 안에 들어갈 적합한 것은?

> A bartender should be ( ) with the english names of all stores of liquors and mixed drinks.

① familiar                         ② warm

③ use                              ④ accustom

---

바텐더는 보관된 리큐르와 칵테일 종류의 영어명칭에 친숙해야 한다.

\* be familiar with ∼ : 친숙해지다. 익숙해지다.

정답 : ①

**499** Which cocktail name means "Freedom"?

① God Mother                      ② Cuba Libre

③ God Father                      ④ French Kiss

---

자유를 의미하는 칵테일은 '쿠바 만만세'라는 뜻의 Cuba Libre이다.

정답 : ②

**500** "How often do you drink?"의 대답으로 적합 하지 않은 것은?

① Every day

② Once a week

③ About three times a month

④ After work

---

술을 얼마나 자주 마시나요?"

정답 : ④

**501** "그걸로 주세요."라는 표현으로 가장 적합한 것은?

① I'll have this one.

② Give me one more.

③ That's please.

④ I already had one.

정답 : ①

**502** 아래의 대화에서 ( ) 안에 들어갈 알맞은 단어로 짝지어진 것은?

A : Let's go ( ) a drink after work, will you?
B : I don't ( ) like a drink today.

① for, feel

② to, have

③ in, know

④ of, give

정답 : ①

**503** 다음에서 설명하는 Bitters는?

It is made from a Trinidadian secret recipe.

① Peychaud's Bitters

② Abbott's Bitters

③ Orange Bitters

④ Angostura Bitters

앙고스트라 비터는 1824년 베네수엘라 보라바시에 주둔하던 영국 시거트 박사가 럼에 약초와 향료를 배합하여 쓴맛이 강한 술을 만들었으며 현재는 트리니다드(Trinidad)의 포트 오브 스페인에서 제조하고 있다.

정답 : ④

**504** Which one is the best harmony with gin?

① Sprite

② Ginger Ale

③ Cola

④ Tonic Water

탄산수에 생강의 풍미를 가한 것으로, 에일이란 원래 맥주의 일종인 음료를 말한다. 진저 에일에는 알코올 성분이 함유되어 있지 않으며 천연 혹은 인공 향료를 탄산음료에 넣고 설탕과 구연산으로 맛을 내고 증류주인 진(Gin)과 혼합한다.

정답 : ②

**505** 다음 ( ) 안에 들어갈 말로 알맞은 것은?

> W : What would you like to drink, sir?
> G : Scotch (      ) the rocks, please.

① in                                          ② with
③ on                                          ④ put

정답 : ③

**506** "All tables are booked tonight"과 의미가 같은 것은?

① All books are on the table.
② There are a lot of tables here.
③ All tables are very dirty tonight.
④ There aren't ant available tables tonight

정답 : ④

**507** ( ) 안에 들어갈 단어로 옳은 것은?

> (      ) is a late morning meal between breakfast and lunch.

① Buffet
② Brunch
③ American breakfast
④ Continental breakfast

Brunch(브런치)는 아침과 점심시간 사이에 먹는 간식이다.

정답 : ②

**508** 아래에서 설명하는 용어는?

> A wine selected by manager and served unless the customer specifies a different one.

① Wine list                                   ② House wine
③ Vintage                                      ④ White wine

고객이 특별히 요구하지 않고 매니저가 지정한 와인 House Wine은 일반적으로 잔 단위로 판매하는 와인을 의미한다. 대부분 맛이 강하지 않은 와인으로 저렴한 가격에 제공되는 와인이며 그 레스토랑에서 제공하는 음식과 잘 어울린다.

정답 : ②

**509** 다음 (   ) 안에 들어갈 알맞은 용어는?

> The (        ) guarantees that all A.O.C products will hold to a rigorous set of clearly defined standards.

① D.O.C.G            ② ONIVINS
③ V.O.Q.S            ④ INAO

INAO는 'Institut National Appellations d'Origine'의 약자로 프랑스 와인의 원산지 명칭을 통제, 관리, 승인하는 국가조직이다. 1935년에 설립되었으며 세계 여러 나라의 모델이 되고 있다.

정답 : ④

**510** Which of the following is not fermented liquor?

① Aquavit            ② Wine
③ Sake            ④ Meat

발효된 술 종류가 아닌 것은 아쿠아비트(Aquavit)이다. Sake는 일본에서 쌀로 만든 양조주이고, Meat는 벌꿀로 만든 양조주이다.

정답 : ①

**511** Please, select the cocktail-based wine in the following.

① Mai-Tai            ② Mah-Jong
③ Salty-Dog            ④ Sangria

와인을 기주로 하는 칵테일을 고르시오. 상그리아(Sangria)는 스페인의 와인이 들어가는 칵테일이다.

정답 : ④

**512** 아래는 무엇에 대한 설명인가?

> A fortified yellow or brown wine of Spanish origin with a distinctive nutty flavor.

① Sherry Wine            ② Rum
③ Vodka            ④ White Basket

황갈색의 스페인산 주정강화와인이며 견과류같은 독특한 향을 내는 와인은 셰리 와인(Sherry Wine)이다.

정답 : ①

**513** What is the juice of the wine grapes called?

① Mustard ② Must
③ Grapeshot ④ Grape Sugar

포도액을 무엇이라 하는가? (발효 전 또는 발효 중의)포도액은 Must이다.

정답 : ②

**514** When do you usually serve cognac?

① Before the meal ② After meal
③ During the meal ④ With the soup

코냑은 스위트 브랜디이며 주로 식후주로 마신다.

정답 : ②

**515** 다음 (    ) 안에 들어갈 적합한 단어는?

(       ) whisky is a whisky which is distilled and produced at just one particular distillery. (       ) are made entirely from one type of malted grain, traditionally barley, which is cultivated in the region of the distillery.

① Grain ② Blended
③ Single malt ④ Bourbon

(Single Malt) Whisky는 한 가지 곡물(보리나 호밀)을 이용하여 한 곳의 양조장에서 만들어진 위스키를 말하는데 국가에 따라 다르지만 싱글 몰트의 경우 반드시 참나무통에서 최소한 3년 이상 숙성되어야 한다.

정답 : ③

**516** Which of the following is not scotch whisky?

① Cutty Sark ② White Horse
③ John Jameson ④ Royal Salute

John Jameson은 아일랜드 위스키 상표이다.

정답 : ③

**517** Which of the following is made from grain?

① Rum ② Cognac
③ Champagne ④ Bourbon whisky

곡식(Grain)을 주원료로 하여 만드는 술은 위스키이다.

정답 : ④

**518** 다음 중 ( ) 안에 들어갈 알맞은 것은?

( ) is the chemical interaction of grape sugar and yeast cells to produce alcohol, carbon dioxide and heat.

① Distillation
② Maturation
③ Blending
④ Fermentation

효모 등의 작용으로 유기물이 분해 또는 산화와 환원을 통해 알코올이나 탄산가스 등으로 변하는 현상. 발효(Fermentation)에 대한 설명이다.

정답 : ④

**519** 다음은 어떤 술에 대한 설명인가?

It was created over 300 years ago by a Dutch chemist named Dr. Franciscus Sylvius.

① Gin
② Rum
③ Vodka
④ Tequila

300년 전에 실비우스(Sylvius) 박사에 의해 만들어 진 술은 Gin이다.

정답 : ①

**520** Which of the following is made from grape?

① Calvados
② Rum
③ Gin
④ Brandy

Brandy는 포도주를 증류한 술이다.

정답 : ④

**521** Which one is the spirit made from agave?

① Tequila
② Rum
③ Vodka
④ Gin

아가베(Agave)을 원료로 만든 증류주는 데킬라(Tequila)이다.

정답 : ①

**522** Which is the correct one as a base of Bloody Mary in the following?

① Gin                  ② Rum

③ Vodka            ④ Tequila

Bloody Mary의 기본주(Base)는 보드카이다.

정답 : ③

**523** 다음 (　) 안에 들어갈 알맞은 것은?

> (　　) is a spirits made by distilling wines or fermented mash of fruit.

① Liqueur         ② Bitter

③ Brandy         ④ Champagne

(브랜디)는 와인 또는 으깬 과일을 발효시켜 증류한 술이다.

정답 : ③

**524** What is the name of famous liqueur on scotch base?

① Drambuie       ② Cointreau

③ Grand Marnier    ④ Curacao

Drambuie는 스카치 위스키와 꿀을 혼합하여 만든 술이며 스카치 베이스의 리큐르 중 가장 유명하다.

정답 : ①

**525** Which one is the most famous herb liqueur?

① Bailey's Irish Cream    ② Benedictine D.O.M

③ Cream De Cacao      ④ Aquavit

베네딕틴 D.O.M은 가장 유명한 허브 리큐르이다.

정답 : ②

**526** Which is the most famous orange flavored cogac liqueur?

① Grand Marnier     ② Drambuie

③ Cherry Heering    ④ Galliano

오렌지향을 가진 코냑 리큐르는 그랑 마니에르(Grand Marnier)이다.

정답 : ①

**527** Which country does campari come from?

① Scotland        ② America

③ France         ④ Italy

---

캄파리(Campari) 리큐르의 생산 국가는 어디인가?

캄파리(Campari)는 이탈리아(Italy)에서 생산되는 리큐르이다.

정답 : ④

**528** 다음 ( ) 안에 들어갈 알맞은 것은?

> Would you like to have a cocktail, ( ) you are waiting ?

① while

② where

③ as soon as

④ upon

---

기다리시는 동안에(while) 칵테일 한 잔 하시겠어요?

정답 : ①

**529** Which one is not aperitif cocktail?

① Dry Martini

② Kir

③ Campari Orange

④ Grasshopper

---

식전주 칵테일은 Dry해야 한다. 그래스하퍼에는 민트, 카카오, 우유가 들어가 달콤해 식전주로 부적합하다.

정답 : ④

**530** 다음 ( ) 안에 들어갈 알맞은 용어는?

> A bartender should be ( ) with the English names of all stores of liquors and mixed drinks.

① familiar        ② warm

③ use            ④ accustom

---

바텐더는 영어명칭에 친숙해야 한다.

* Be familiar with～ : ～에 친숙해야 한다.

정답 : ①

**531** Which one is basic liqueur among the cocktail name which containing 'Alexander'?

① Gin

② Vodka

③ Whisky

④ Rum

알렉산더 칵테일의 베이스(기주)를 묻는 문제로 알렉산더는 Gin을 베이스로 한다.

정답 : ①

**532** 아래의 대화에서 ( ) 안에 들어갈 가장 알맞은 것은?

> A : Come on, Marry. Hurry up and finish your coffee. We have to catch a taxi to the airport.
>
> B : I can't hurry. This coffee's ( A ) hot for me ( B ) drink.

① A : so            B : that

② A : too          B : to

③ A : due          B : to

④ A : would      B : on

커피가 너무 뜨거워서 마실 수 없다.

\* too ～ to : 너무 ～해서 ～할 수 없다.

정답 : ②

**533** 다음 ( ) 안에 들어갈 공통적으로 적합한 단어는?

> (     ), which looks like fine sea spray, is the Holy Grail of espresso, the beautifully tangible sign that everything has gone right. (     ) is a golden foam made up of oil and colloids, which floats atop the surface of a perfectly brewed cup of espresso.

① Crema

② Cupping

③ Cappuccino

④ Cafe Latte

에스프레소 커피의 특징인 Crema에 대한 설명이다.

정답 : ①

**534** 다음은 어떤 도구에 대한 설명인가?

> Looks like a wooden pestle, the flat end of which is used to crush and combined ingredients in a serving glass or mixing glass.

① Shaker  ② Muddler
③ Barspoon  ④ Strainer

Muddler는 칵테일을 혼합할 때 칵테일 안에 들어있는 설탕이나 과일의 열매를 으깰 때 사용하는 기구이며 유리, 플라스틱 등 여러 재질이 있다.

\* Crush : 으깨다.
  Combine : 결합하다
  Ingredient : 재료

정답 : ②

**535** What is the alcoholic drink that helps promoting appetite before a meal?

① Fermented Non-Alcoholic Drink
② Aperitif
③ Liqueur
④ Appetizer

입맛을 돋우기 위해 식사 전에 마시는 음료는?
식욕을 촉진시키기 위해 식사 전에 마시는 식전주는 Aperitif이다.

정답 : ②

**536** 다음 (　) 안에 들어갈 적합한 단어는?

> I am afraid you might lose your (　) if you drink too much aperitif wine.

① Glass  ② Dish
③ Aperitif  ④ Dessert

식전주를 너무 많이 마시면 (식욕)을 잃을 수 있다.

정답 : ③

**537** "How would you like your steak?"의 대답으로 적합하지 않은 것은?

① Rare  ② Medium
③ Rare-done  ④ Well-done

스테이크는 어떻게 해드릴까요?
스테이크 익힘 정도에는 Rare(조금만 익혀 주세요), Medium(반쯤 익혀 주세요), Well-done(바싹 익혀 주세요)으로 대답할 수 있다.

정답 : ③

**538** 여러 명에서 함께 술을 마실 때 "마시던 것으로 전부 한 잔씩 더 돌리시오."라는 표현으로 가장 적합한 것은?

① We'd like to have another round, please.

② Please give me same drink.

③ We want the other around of drinks.

④ Let me have them again.

---

another round는 한 잔씩 더 돌리라는 의미이다.

정답 : ①

**539** "같은 음료로 드릴까요?"의 표현은?

① May I bring the same drink for you?

② Do you need another drink?

③ Do you want to try another one?

④ What would you like to drink?

---

②, ③은 '한 잔 더할까?', ④는 '어떤 종류의 음료를 드시겠습니까?'의 의미이다.

정답 : ①

**540** 약속과 관련된 표현과 거리가 먼 것은?

① He has got appointment all day on Monday.

② We made up.

③ Anytime would be fine with me on that day.

④ Let's promise.

---

* made up : 구성되다. 조직되다.

정답 : ②

**541** 바텐더가 손님에게 처음 주문을 받을 때 할 수 있는 표현은?

① What do you recommend?

② Would you care for a drink?

③ What would you like with that?

④ Do you have a reservation?

---

Care for은 상대방을 배려하는 표현이다.

정답 : ②

**542** "I'll be right back."에서 밑줄 친 단어와 바꾸어 쓸 수 있는 것은?

① Immediately           ② Just now

③ Now                   ④ Just away

---

\* Immediately : 금방, 즉시

정답 : ①

**543** "How long have you worked for your hotel?"의 물음에 대한 대답으로 부적절한 것은?

① For 5 years         ② Since 1982

③ 10 years ago       ④ Last 7 years

---

'호텔에 근무한지 얼마나 되었나요?'의 물음에 '10년 전'라는 대답은 나올 수 없다.

정답 : ③

**544** What is meaning of a walk-in guest?

① A guest with no reservation.

② Guest on charged instead of reservation guest.

③ By walk-in guest.

④ Guest that checks in through the front desk.

---

호텔객실을 이용하기 위해서 예약하지 않고 찾아오는 손님을 Walk-in guest라고 한다.

정답 : ①

**545** 다음 Guest와 Receptionist의 대화에서 ( ) 안에 들어갈 단어로 알맞은 것은?

> G : Is there a swimming pool in this hotel?
> R : Yes, there is. It is ( A ) the 4th floor.
> G : What time does it open in the morning?
> R : It opens ( B ) Morning at 6 am.

① A : at                  B : each

② A : on                  B : every

③ A : to                   B : at

④ A : by                  B : in

---

수영장은 4층에 있고(On the 4th floor) 매일 아침(Every Morning) 6시에 문을 연다.

\* Receptionist : 예약자

정답 : ②

# 실전예상문제

## 실전예상문제 1회

**01** 음료의 역사에 대한 설명으로 틀린 것은?

① 기원전 6000년 경 바빌로니아 사람들은 레몬과즙을 마셨다.

② 스페인 발렌시아 부근의 동굴에서는 탄산가스를 발견해 마시는 벽화가 있었다.

③ 바빌로니아 사람들은 밀빵이 물에 젖어 발효된 맥주를 발견해 음료로 즐겼다.

④ 중앙아시아 지역에서는 야생의 포도가 쌓여 자연 발효된 포도주를 음료로 즐겼다.

**02** 다음 중 혼성주에 해당하는 것은?

① Armagnac    ② Corn Whisky

③ Cointreau    ④ Jamaican Rum

**03** 원료인 포도주에 브랜디나 당분을 섞고 향료나 약초를 넣어 만들며 이탈리아산이 유명한 것은?

① Manzanilla    ② Vermouth

③ Stout    ④ Hock

**04** 다음 중 원산지가 프랑스인 술은?

① Absinthe    ② Curacao

③ Kahlua    ④ Drambuie

**05** 혼성주의 종류에 대한 설명이 틀린 것은?

① 아드보카트(Advocaat)는 브랜디에 달걀노른자와 설탕을 혼합하여 만든다.

② 드람뷔이(Drambuie)는 '사람을 만족시키는 음료'라는 뜻이다.

③ 아르마냑(Armagnac)은 체리향을 혼합하여 만든 술이다.

④ 깔루아(Kahlua)는 증류주에 커피를 혼합하여 만든 술이다.

**06** 혼성주 제조방법인 침출법에 대한 설명으로 틀린 것은?

① 맛과 향이 알코올에 쉽게 용해되는 원료일 때 사용한다.
② 과실 및 향료를 기주에 담가 맛과 향이 우러나게 하는 방법이다.
③ 원료를 넣고 밀봉한 후 수개월에서 수년간 장기 숙성시킨다.
④ 맛과 향이 추출되면 여과한 후 블렌딩하여 병입한다.

**07** 국가별로 적포도주를 지칭하는 말로 틀린 것은?

① 프랑스 – Vim Rouge
② 이탈리아 – Vino Rosso
③ 스페인 – Vino Rosado
④ 독일 – Rotwein

**08** Sparkling Wine이 아닌 것은?

① Asti Spumante
② Sekt
③ Vin mousseux
④ Troken

**09** 포도 품종의 그린 수확(Green Harvest)에 대한 설명으로 옳은 것은?

① 수확량을 제한하기 위한 수확
② 청포도 품종 수확
③ 완숙한 최고의 포도 수확
④ 포도원의 잡초제거

**10** 다음 중 보르도 지역의 와인이 아닌 것은?

① 샤블리
② 메독
③ 마고
④ 그라브

**11** 다음 중 Aperitif Wine으로 가장 적합한 것은?

① Dry Sherry Wine
② White Wine
③ Red Wine
④ Port Wine

**12** 보졸레 누보 양조과정의 특징이 아닌 것은?

① 기계수확을 한다.
② 열매를 분리하지 않고 송이채 밀폐된 탱크에 집어넣는다.
③ 발효 중 $CO_2$의 영향을 받아 산도가 낮은 와인이 만들어진다.
④ 오랜 숙성기간 없이 출하한다.

**13** 다음 중 맥주의 원료가 아닌 것은?

① 물
② 피트
③ 보리
④ 홉

**14** 다음 중 상면발효 맥주로 옳은 것은?

① Bock Beer
② Budweiser Beer
③ Porter Beer
④ Asahi Beer

**15** 다음의 Hop에 대한 설명 중 틀린 것은?

① 자웅이주의 숙근 식물로서 수정이 안 된 암꽃을 사용한다.
② 맥주의 쓴 맛과 향을 부여한다.
③ 거품의 지속성과 항균성을 부여한다.
④ 맥아즙 속의 당분을 분해하여 알코올과 탄산가스를 만드는 작용을 한다.

**16** 다음 중 스카치 위스키(Scotch Whisky)가 아닌 것은?

① Crown Royal
② White Horse
③ Johnnie Walker
④ Chivas Regal

**17** 다음 중 아메리칸 위스키(American Whisky)가 아닌 것은?

① Jim Beam
② Wild Whisky
③ John Jameson
④ Jack Daniel

**18** 스카치 위스키의 5가지 법적 분류에 해당하지 않는 것은?

① 싱글 몰트 스카치 위스키
② 블렌디드 스카치 위스키
③ 블렌디드 그레인 스카치 위스키
④ 라이 위스키

**19** 다음에서 설명하는 술로 옳은 것은?

> • 북유럽 스칸디나비아 지방의 특산주로 어원은 생명의 물이라는 라틴어에서 온 말이다.
> • 제조과정은 먼저 감자를 익혀서 으깬 후 맥아를 당화, 발효시켜 증류시킨다.
> • 연속증류기로 95%의 고농도 알코올을 얻은 다음 물로 희석하고 회향초 씨나 박하, 오렌지 껍질 등 여러 가지 종류의 허브로 향기를 착향시킨 술이다.

① Vodka          ② Rum
③ Aquavit        ④ Brandy

**20** 프랑스에서 사과를 원료로 만든 증류주인 Apple Brandy는?

① Cognac         ② Calvados
③ Armagnac       ④ Camus

**21** 프랑스에서 생산되는 칼바도스(Calvados)는 어느 종류에 속하는가?

① Brandy         ② Gin
③ Wine           ④ Whisky

**22** 다음 중 테킬라(Tequila)가 아닌 것은?

① Cuervo         ② El Toro
③ Sambuca        ④ Sauza

**23** 다음 중 증류주에 속하는 것은?

① Vermouth
② Champagne
③ Sherry Wine
④ Light Rum

**24** 다음의 우리나라 전통주 중 약주가 아닌 것은?

① 두견주
② 한산 소국주
③ 칠선주
④ 문배주

**25** 다음에서 설명하는 우리나라 고유의 술은?

> 엄격한 법도에 의해 술을 담근다는 전통주로 신라시대부터 전해오는 유상곡수(流觴曲水)라 하여 주로 상류계급에서 즐기던 것으로, 중국 남방술인 사오싱주보다 빛깔은 조금 희고 그 순수한 맛이 가히 일품이다.

① 두견주
② 인삼주
③ 감홍로주
④ 경주교동법주

**26** 차를 만드는 방법에 따른 분류와 대표적인 차의 연결이 틀린 것은?

① 불발효차 – 보성녹차
② 반발효차 – 오룡차
③ 발효차 – 다르질링차
④ 후발효차 – 재스민차

**27** 다음 중 과실음료가 아닌 것은?

① 토마토주스
② 천연과즙주스
③ 희석과즙음료
④ 과립과즙음료

**28** 레몬주스, 슈가시럽, 소다수를 혼합한 것으로 대체할 수 있는 것은?

① 진저에일
② 토닉워터
③ 콜린스 믹스
④ 사이다

**29** 소다수에 대한 설명으로 틀린 것은?

① 인공적으로 이산화탄소를 첨가한다.
② 약간의 신맛과 단맛이 나며 청량감이 있다.
③ 식욕을 돋우는 효과가 있다.
④ 성분은 수분과 이산화탄소로 칼로리는 없다.

**30** 에스프레소 추출 시 너무 진한 크레마(Dark Crema)가 추출되었을 때 그 원인이 아닌 것은?

① 물의 온도가 95℃보다 높은 경우
② 펌프압력이 기준 압력보다 낮은 경우
③ 포터필터의 구멍이 너무 큰 경우
④ 물 공급이 제대로 안 되는 경우

**31** 다음 중 그 종류가 다른 하나는?

① Vienna Coffee            ② Cappuccino Coffee

③ Espresso Coffee          ④ Irish Coffee

**32** 주장(Bar)에서 주문받는 방법으로 가장 거리가 먼 것은?

① 손님의 연령이나 성별을 고려한 음료를 추천한다.

② 추가 주문은 고객이 한 잔을 다 마시고 나면 최대한 빨리 묻는다.

③ 도수가 높은 술을 주문받을 때에는 안주류도 함께 묻는다.

④ 2명 이상의 외국인 고객의 경우 반드시 영수증을 하나로 할지, 개인별로 할지 묻는다.

**33** 샴페인 1병을 주문한 고객에게 샴페인을 따라주는 방법으로 옳지 않은 것은?

① 샴페인은 글라스에 서브할 때 2번에 나눠서 따른다.

② 샴페인의 기포를 눈으로 충분히 즐길 수 있게 따른다.

③ 샴페인은 최대 글라스의 절반 정도만 따른다.

④ 샴페인을 따를 때에는 최대한 거품이 나지 않게 조심해서 따른다.

**34** 다음 중 주장 종사원(Waiter/Waitress)의 주요 임무는?

① 고객이 사용한 기물과 빈 잔을 세척한다.

② 칵테일의 부재료를 준비한다.

③ 창고에서 주장(Bar)에서 필요한 물품을 보급한다.

④ 고객에게 주문을 받고 주문받은 음료를 제공한다.

**35** 바람직한 바텐더(Bartender) 직무가 아닌 것은?

① 바(Bar) 내에 필요한 물품 재고를 항상 파악한다.

② 일일 판매할 주류가 적당한지 확인한다.

③ 바(Bar)의 환경 및 기물 등의 청결을 유지 · 관리한다.

④ 칵테일 조주 시 지거(Jigger)를 사용하지 않는다.

**36** 다음 중 Glass 관리방법으로 틀린 것은?

① 알맞은 Rack에 담아서 세척기를 이용하여 세척한다.

② 닦기 전에 금이 가거나 깨진 것이 없는지 먼저 확인한다.

③ Glass의 Steam부분을 시작으로 돌려가며 닦는다.

④ 물에 레몬이나 에스프레소 1잔을 넣으면 Glass의 잡냄새가 제거된다.

**37** Extra Dry Martini는 Dry Vermouth를 어느 정도 넣어야 하는가?

① 1/4oz
② 1/3oz
③ 1oz
④ 2oz

**38** Gibson에 대한 설명으로 틀린 것은?

① 도수는 약 36%에 해당된다.
② 베이스는 Gin이다.
③ 칵테일 어니언(Onion)으로 장식한다.
④ Shaking 기법으로 조주한다.

**39** 칵테일 상품의 특성과 거리가 가장 먼 것은?

① 대량 생산이 가능하다.
② 인적 의존도가 높다.
③ 유통 과정이 없다.
④ 반품과 재고가 없다.

**40** 칵테일을 만드는 데 필요한 기물이 아닌 것은?

① Cork Screw
② Mixing Glass
③ Shaker
④ Bar Spoon

**41** 바의 한 달 전체 매출액이 1,000만원이고 종사원에게 지불된 모든 급료가 300만원이라면 이 바의 인건비율은?

① 10%
② 20%
③ 30%
④ 40%

**42** 다음 중 내열성이 강한 유리잔에 제공되는 칵테일은?

① Grasshopper
② Tequila Sunrise
③ New York
④ Irish Coffee

**43** 다음 중 영양분이 가장 많은 칵테일은?

① Brandy Eggnog
② Gibson
③ Bacardi
④ Olympic

**44** 다음 중 1oz당 칼로리가 가장 높은 것은?(단, 각 주류의 도수는 일반적인 경우를 따른다)

① Red Wine

② Champagne

③ Liqueur

④ White Wine

**45** 네그로니(Negroni) 칵테일 조주 시 재료로 가장 적합한 것은?

① Rum 3/4oz, Sweet Vermouth 3/4oz, Campari 3/4oz, Twist of Lemon Peel

② Dry Gin 3/4oz, Sweet Vermouth 3/4oz, Campari 3/4oz, Twist of Lemon Peel

③ Dry Gin 3/4oz, Dry Vermouth 3/4oz , Campari 3/4oz, Twist of Lemon Peel

④ Tequila 3/4oz, Sweet Vermouth 3/4oz, Campari 3/4oz, Twist of Lemon Peel

**46** 칵테일 레시피(Recipe)를 보고 알 수 없는 것은?

① 칵테일의 색깔

② 칵테일의 판매량

③ 칵테일의 분량

④ 칵테일의 성분

**47** 칵테일에 사용되는 Garnish에 대한 설명으로 가장 적절한 것은?

① 과일만 사용이 가능하다.

② 꽃이 화려하고 향기가 많이 나는 것이 좋다.

③ 꽃가루가 많은 꽃은 운치가 있어 더욱 잘 어울린다.

④ 과일이나 허브향이 나는 잎이나 줄기가 적합하다.

**48** 다음 중에서 Cherry로 장식하지 않는 칵테일은?

① Angel's Kiss         ② Manhattan

③ Rob Roy             ④ Martini

**49** Gibson을 조주할 때 Garnish는 무엇으로 하는가?

① Olive               ② Cherry

③ Onion              ④ Lime

**50** 다음 중 장식이 필요 없는 칵테일은?

① 김렛(Gimlet)

② 시브리즈(Seabreeze)

③ 올드 패션드(Old Fashioned)

④ 싱가폴 슬링(Singapore Sling)

**51** Which one is not aperitif cocktail?

① Dry Martini        ② Kir

③ Campari Orange    ④ Grasshopper

**52** 다음 (   )안에 알맞은 것은?

> (    ) is distilled spirits from the fermented juice of sugarcane or other sugarcane by-products.

① Whisky

② Vodka

③ Gin

④ Rum

**53** Which one is not distilled beverage in the following?

① Gin          ② Calvados

③ Tequila      ④ Cointreau

**54** 다음 문장에서 설명하는 것은?

> This is produced in Italy and made with apricot and almond.

① Amaretto

② Absinthe

③ Anisette

④ Angelica

**55** 다음 밑줄 친 곳에 가장 적합한 것은?

> A : Good evening, Sir
> B : Could you show me the wine list?
> A : Here you are, Sir. This week is the promotion
>     week of _____.
> B : O.K. I'll try it.

① Stout

② Calvados

③ Glenfiddich

④ Beaujolais Nouveau

**56** "우리 호텔을 떠나십니까?"의 표현으로 옳은 것은?

① Do you start our hotel?

② Are you leave to our hotel?

③ Are you leaving our hotel?

④ Do you go our hotel?

**57** 다음 (   )안에 가장 적합한 것은?

> W : Good evening Mr. Carr.
>     How are you this evening?
> G : Fine, And you Mr. Kim
> W : Very well, Thank you.
>     What would you like to try tonight?
> G : (      )
> W : A whisky, No ice, No water. Am I correct?
> G : Fantastic!

① Just one For my health, please.

② One for the road.

③ I'll stick to my usual.

④ Another one please.

**58** 다음 ( )안에 알맞은 단어와 아래의 상황 후 Jenny가 Kate에게 할 말의 연결로 가장 적합한 것은?

> Jenny comes back with a magnum and glasses carried by a barman. She sets the glasses while he barman opens the bottle. There is a loud "( )" and the cork hits Kate who jumps up with a cry. The champagne spills all over the carpet.

① Peep – Good luck to you.

② Ouch – I am sorry to hear that.

③ Tut – How awful!

④ Pop – I am very sorry. I do hope you are not hurt.

**59** 다음 밑줄에 들어갈 가장 적합한 것은?

> I'm sorry to have _____ you waiting.

① Kept                     ② Made

③ Put                      ④ Had

**60** There are basic direction of wine service. Select the one which is not belong to them in the following?

① Filling four-fifth of red wine into the glass.

② Serving the red wine with room temperature.

③ Serving the white wine with condition of 8~12℃.

④ Showing the guest the label of wine before service.

정답

| 1 | 2 | 3 | 4 | 5 | 6 | 7 | 8 | 9 | 10 | 11 | 12 | 13 | 14 | 15 | 16 | 17 | 18 | 19 | 20 |
|---|---|---|---|---|---|---|---|---|----|----|----|----|----|----|----|----|----|----|----|
| ② | ③ | ② | ① | ③ | ① | ③ | ④ | ① | ① | ① | ① | ② | ③ | ④ | ① | ③ | ④ | ③ | ② |

| 21 | 22 | 23 | 24 | 25 | 26 | 27 | 28 | 29 | 30 | 31 | 32 | 33 | 34 | 35 | 36 | 37 | 38 | 39 | 40 |
|----|----|----|----|----|----|----|----|----|----|----|----|----|----|----|----|----|----|----|----|
| ① | ③ | ④ | ④ | ④ | ④ | ① | ③ | ② | ③ | ④ | ② | ④ | ④ | ④ | ③ | ① | ④ | ① | ① |

| 41 | 42 | 43 | 44 | 45 | 46 | 47 | 48 | 49 | 50 | 51 | 52 | 53 | 54 | 55 | 56 | 57 | 58 | 59 | 60 |
|----|----|----|----|----|----|----|----|----|----|----|----|----|----|----|----|----|----|----|----|
| ③ | ④ | ① | ③ | ② | ② | ④ | ④ | ③ | ① | ④ | ④ | ④ | ① | ④ | ③ | ③ | ④ | ① | ① |

**01** Ginger Ale에 대한 설명 중 틀린 것은?

① 생강의 향을 함유한 소다수이다.

② 알코올 성분이 포함된 영양음료이다.

③ 식욕증진이나 소화제로 효과가 있다.

④ Gin이나 Brandy와 조주하여 마시기도 한다.

**02** 리큐르(liqueur)의 하나인 베일리스가 생산되는 곳은?

① 스코틀랜드

② 아일랜드

③ 잉글랜드

④ 뉴질랜드

**03** 이탈리아의 3대 리큐르(liqueur) 중 하나로, 살구씨와 함께 여러 가지 재료를 넣어 만든 아몬드 향의 리큐르로는?

① 아드보카트(Advocaat)

② 베네딕틴(Benedictine)

③ 아마레또(Amaretto)

④ 그랑 마니에르(Grand Marnier)

**04** 다음 중 약초, 향초류의 혼성주로 옳은 것은?

① 트리플 섹             ② 크렘 드 카시스

③ 깔루아               ④ 쿰멜

**05** Benedictine의 설명 중 틀린 것은?

① B-52 칵테일을 조주할 때 사용한다.

② 병에 적힌 D.O.M은 '최선 최대의 신에게'라는 뜻이다.

③ 프랑스 수도원 제품이며 품질이 우수하다.

④ 허니문(Honeymoon)칵테일을 조주할 때 사용한다.

**06** 주류와 그에 대한 설명의 연결이 옳은 것은?

① Absinthe – 노르망디 지방의 프랑스산 사과 브랜디
② Campari – 주정에 향쑥을 넣어 만드는 프랑스산 리큐르
③ Calvados – 이탈리아 밀라노에서 생산되는 와인
④ Chartreuse – 승원(수도원)이라는 뜻을 가진 리큐르

**07** 칼바도스(Calvados)의 보관온도에서 같이 두어도 좋은 품목으로 옳은 것은?

① 백포도중
② 샴페인
③ 생맥주
④ 코냑

**08** 다음 중 연속식 증류주에 해당하는 것은?

① Pot still Whisky
② Malt Whisky
③ Cognac
④ Patent Still Whisky

**09** Malt Whisky를 바르게 설명한 것은?

① 대량의 양조주를 연속식으로 증류해서 만든 위스키
② 단식 증류기를 사용하여 2회의 증류과정을 거쳐 만든 위스키
③ 피트탄(Peat, 석탄)으로 건조한 맥아의 당액을 발효해서 증류한 피트향과 통의 향이 배인 독특한 맛의 위스키
④ 옥수수를 원료로 대맥의 맥아를 사용하여 당화시켜 개량솥으로 증류한 고농도 알코올의 위스키

**10** 옥수수를 51% 이상 사용하고 연속식 증류기로 알코올 농도 40% 이상 80% 미만으로 증류하는 위스키는?

① Scotch Whisky
② Bourbon Whiskey
③ Irish Whiskey
④ Canadian Whisky

**11** Irish Whiskey에 대한 설명으로 틀린 것은?

① 깊고 진한 맛과 향을 지닌 몰트 위스키도 포함한다.
② 피트훈연을 하지 않아 향이 깨끗하고 맛이 부드럽다.
③ 스카치 위스키와 제조과정이 동일하다.
④ John Jameson, Old Bushmills가 대표적이다.

**12** 세계 4대 위스키(Whisky)가 아닌 것은?

① 스카치(Scotch)
② 아이리쉬(Irish)
③ 아메리칸(American)
④ 스패니쉬(Spanish)

**13** 다음 중 헤네시의 등급 규격으로 옳지 않은 것은?

① EXTRA : 15~25년
② V.O : 15년
③ X.O : 45년 이상
④ V.S.O.P : 20~30년

**14** 브랜디의 제조공정에서 증류한 브랜디를 White Oak Barrel에 담기 전 무엇을 채워 유해한 색소나 이물질을 제거하는가?

① Beer
② Gin
③ Red Wine
④ White Wine

**15** 다음 중 담색 또는 무색으로 칵테일의 기본주로 사용되는 Rum은?

① Heavy Rum
② Medium Rum
③ Light Rum
④ Jamaica Rum

**16** 다음 중에서 이탈리아 와인 키안티 클라시코(Chianti Classico)와 가장 거리가 먼 것은?

① Gallo Nero
② Piasco
③ Raffia
④ Barbaresco

**17** 다음은 어떤 포도 품종에 대한 설명한 것인가?

작은 포도알, 깊은 적갈색, 두꺼운 껍질, 많은 씨앗이 특징이며 씨앗은 타닌함량을 풍부하게 하고, 두꺼운 껍질은 색깔을 깊이 있게 나타낸다. 블랙커런트, 체리, 자두 향을 지니고 있으며, 대표적인 생산지역은 프랑스 보르도 지방이다.

① 메를로(Merlot)
② 피노 누아(Pinot Noir)
③ 카베르네 쇼비뇽(Cabernet Sauvignon)
④ 샤르도네(Chardonnay)

**18** 다음 중 이탈리아 와인 등급 표시로 옳은 것은?

① A.O.P.
② D.O.
③ D.O.C.G
④ QbA

**19** 프랑스 와인의 원산지 통제 증명법으로 가장 엄격한 기준은?

① DOC
② AOC
③ VDQS
④ QMP

**20** 솔레라 시스템을 사용하여 만드는 스페인의 대표적인 주정강화 와인은?

① 포트 와인
② 셰리 와인
③ 보졸레 와인
④ 보르도 와인

**21** 다음 중 스파클링 와인에 해당하지 않는 것은?

① Champagne
② Cremant
③ Vin Doux Naturel
④ Spumante

**22** 다음 중 나머지와 스타일이 다른 맛의 와인은?

① Late Harvest
② Noble Rot
③ Ice Wine
④ Vin Mousseux

**23** 다음 중 사과로 만들어진 양조주는?

① Camus Napoleon
② Cider
③ Kirsch Wasser
④ Anisette

**24** 양조주의 제조방법 중 주로 과실주를 만드는 방법으로 옳은 것은?

① 복발효
② 단발효
③ 연속발효
④ 병행발효

**25** Bock Beer에 대한 설명으로 옳은 것은?

① 알코올 도수가 높은 흑맥주
② 알코올 도수가 낮은 담색 맥주
③ 이탈리아산 고급 흑맥주
④ 제조 12시간 이내의 생맥주

**26** 맥주의 보관에 대한 내용으로 옳지 않은 것은?

① 장기 보관할수록 맛이 좋아진다.
② 맥주가 얼지 않도록 보관한다.
③ 직사광선을 피한다.
④ 적정온도(4~10℃)에 보관한다.

**27** 소주가 한반도에 전해진 시기는 언제인가?

① 통일신라
② 고려
③ 조선초기
④ 조선중기

**28** 전통 민속주의 양조기구 및 기물이 아닌 것은?

① 오크통
② 누룩고리
③ 채반
④ 술자루

**29** 우유의 살균방법에 대한 설명으로 거리가 가장 먼 것은?

① 저온 살균법 : 50℃에서 30분 살균
② 고온 단시간 살균법 : 72℃에서 15초 살균
③ 초고온 살균법 : 135~150℃에서 0.5~5초 살균
④ 멸균법 : 150℃에서 2.5~3초 동안 가열처리

**30** 스트레이트 업(Straight Up)의 의미로 가장 적합한 것은?

① 술이나 재료의 비중을 이용하여 섞이지 않게 마시는 것

② 얼음을 넣지 않은 상태로 마시는 것

③ 얼음만 넣고 그 위에 술을 따른 상태로 마시는 것

④ 글라스 위에 장식하여 마시는 것


**31** 세계의 유명한 광천수 중 프랑스 지역의 제품이 아닌 것은?

① 비시 생수(Vichy Water)

② 에비앙 생수(Evian Water)

③ 셀처 생수(Seltzer Water)

④ 페리에 생수(Perrier Water)


**32** 다음 중 알코올성 커피로 옳은 것은?

① 카페 로얄(Cafe Royale)

② 비엔나 커피(Vienna Coffee)

③ 데미타세 커피(Demi-Tasse Coffee)

④ 카페오레(Cafe Au Lait)


**33** 다음 중 커피의 3대 원종이 아닌 것은?

① 로부스타종              ② 아라비카종

③ 인디카종               ④ 리베리카종


**34** 영업 형태에 따라 분류한 Bar의 종류 중 일반적으로 활기차고 즐거우며 조금은 어둡지만 따뜻하고 조용한 분위기와 리가 가장 거먼 것은?

① Western Bar         ② Classic Bar

③ Modern Bar          ④ Room Bar


**35** 소프트 드링크(Soft Drink) 디캔터(Decanter)의 올바른 사용법은?

① 각종 청량음료(Soft Drink)를 별도로 담아서 나간다.

② 술과 같이 혼합하여 나간다.

③ 얼음과 같이 넣어 나간다.

④ 술과 얼음을 같이 넣어 나간다.

**36** 우리나라에서 개별소비세가 부과되지 않는 영업장은?

① 단란주점　　　　　　② 요정
③ 카바레　　　　　　　④ 나이트클럽

**37** 다음 중 칵테일 글라스의 3대 명칭이 아닌 것은?

① Bowl　　　　　　② Cap
③ Stem　　　　　　④ Base

**38** 칵테일 서비스 진행 절차로 가장 적합한 것은?

① 아이스 페일을 이용해서 고객의 요구대로 글라스에 얼음을 넣는다.
② 먼저 커팅보드 위에 장식물과 함께 글라스를 놓는다.
③ 칵테일용 냅킨을 고객의 글라스 오른쪽에 놓고 젓는 막대를 그 위에 놓는다.
④ 병술을 사용할 때는 스토퍼를 이용해서 조심스럽게 따른다.

**39** 오크통에 증류주를 보관할 때의 설명으로 틀린 것은?

① 원액의 개성을 결정해 준다.
② 천사의 몫(Angel's Share) 현상이 나타난다.
③ 색상이 호박색으로 변한다.
④ 변화 없이 증류한 상태 그대로 보관된다.

**40** Blending 기법에 사용하는 얼음으로 가장 적당한 것은?

① Lumped Ice　　　　② Crushed Ice
③ Cubed Ice　　　　　④ Shaved Ice

**41** 비터류(Bitters)가 사용되지 않는 칵테일은?

① Manhattan　　　　② Cosmopolitan
③ Old Fashioned　　　④ Negroni

**42** 탄산음료나 샴페인의 남은 일부를 보관할 때 사용하는 기구로 적합한 것은?

① 코스터　　　　　　② 스토퍼
③ 폴러　　　　　　　④ 코르크

**43** 칵테일 Kir Royal의 레시피(Receipe)로 옳은 것은?

① Champagne+Cacao
② Champagne+Kahlua
③ Wine+Cointreau
④ Champagne+Creme De Cassis

**44** 바텐더가 Bar에서 Glass를 사용할 때 가장 먼저 체크해야 할 사항은?

① Glass의 가장자리 파손 여부
② Glass의 청결 여부
③ Glass의 재고 여부
④ Glass의 온도 여부

**45** Red Cherry가 사용되지 않는 칵테일은?

① Manhattan
② Old Fashioned
③ Mai-Tai
④ Moscow Mule

**46** 고객이 위스키 스트레이트를 주문하고 얼음과 함께 콜라나 소다수, 물 등을 원하는 경우 이를 제공하는 글라스는?

① Wine Decanter
② Cocktail Decanter
③ Collins Glass
④ Cocktail Glass

**47** 스카치 750mL 1병의 원가가 100,000원이고 평균원가율을 20%로 책정했다면 스카치 1잔의 판매가격은 얼마인가?

① 10,000원
② 15,000원
③ 20,000원
④ 25,000원

**48** 일반적인 칵테일의 특징과 거리가 가장 먼 것은?

① 부드러운 맛
② 분위기의 증진
③ 색, 맛, 향의 조화
④ 항산화, 소화증진 효소 함유

**49** 휘젓기(Stirring) 기법에서 사용하는 칵테일 기구로 가장 적합한 것은?

① Hand Shaker
② Mixing Glass
③ Squeezer
④ Jigger

**50** 환산된 용량 표시가 옳은 것은?

① 1tea spoon = 1/32oz
② 1pony = 1/2oz
③ 1pint = 1/2quart
④ 1table spoon = 1/32oz

**51** '당신은 손님들에게 친절해야 한다.'의 표현으로 가장 적합한 것은?

① You should be kind to guest.
② You should kind guest.
③ You'll should be to kind to guest.
④ You should do kind guest.

**52** '한잔 더 주세요.'의 가장 정확한 영어 표현은?

① I'd like other drink.
② I'd like to have another drink.
③ I want one more wine.
④ I'd like to have the other drink.

**53** 바텐더가 손님의 주문을 처음 받을 때 사용하는 표현으로 가장 적합한 것은?

① What do you recommend?
② Would you care for a drink?
③ What would you like with that?
④ Do you have a reservation?

**54** 'Are you free this evening?'의 의미로 가장 적합한 것은?

① 이것은 무료입니까?

② 오늘밤에 시간 있으십니까?

③ 오늘밤에 만나시겠습니까?

④ 오늘밤에 개점합니까?

**55** (　) 안에 들어갈 알맞은 것은?

I don't know what happened at the meeting because I wasn't able to (　).

① decline　　　　　　　② apply

③ depart　　　　　　　④ attend

**56** Which one is the right answer in the blank?

B : Good evening, sir. What Would you like?
G : What kind of (　) have you got?
B : We've got our own brand, sir. Or I can give you an rye, a bourbon or a malt
G : I'll have a malt. A double, please
B : Certainly, sir. Would you like any water or ice with it?
G : No water, thank you. That spoils it. I'll have just one lump of ice.
B : one lump, sir. Certainly.

① Wine　　　　　　　② Gin

③ Whiskey　　　　　　④ Rum

**57** 다음 (　) 안에 알맞은 것은?

(　) must have juniper berry flavor and can be made either by distillation or re-distillation.

① Whisky　　　　　　　② Rum

③ Tequila　　　　　　　④ Gin

**58** Which one is not made from grapes?

① Cognac　　　　　　　② Calvados

③ Armagnac　　　　　　④ Grappa

**59** Three factors govern the appreciation of wine. Which of the following does not belong to them?

① Color  ② Aroma

③ Taste  ④ Touch

**60** Which of the following is the right beverage in the blank?

> B : Here you are. Drink it While it's hot.
> G : Um... nice. What pretty drink are you mixing there?
> B : Well, it's for the lady in that corner. It is a (    ), and it is made from several liqueurs.
> G : Looks like a rainbow. How do you do that?
> B : Well, you pour it in carefully. Each liquid has a different weight, so they sit on the top of each other without mixing.

① Pousse Cafe  ② Cassis Frappe

③ June Bug  ④ Rum Shrub

정답

| 1 | 2 | 3 | 4 | 5 | 6 | 7 | 8 | 9 | 10 | 11 | 12 | 13 | 14 | 15 | 16 | 17 | 18 | 19 | 20 |
|---|---|---|---|---|---|---|---|---|----|----|----|----|----|----|----|----|----|----|----|
| ② | ② | ③ | ④ | ① | ④ | ④ | ④ | ③ | ② | ③ | ④ | ① | ④ | ③ | ④ | ③ | ③ | ② | ② |

| 21 | 22 | 23 | 24 | 25 | 26 | 27 | 28 | 29 | 30 | 31 | 32 | 33 | 34 | 35 | 36 | 37 | 38 | 39 | 40 |
|----|----|----|----|----|----|----|----|----|----|----|----|----|----|----|----|----|----|----|----|
| ③ | ④ | ② | ② | ① | ① | ② | ① | ① | ② | ③ | ① | ③ | ① | ① | ① | ② | ③ | ④ | ② |

| 41 | 42 | 43 | 44 | 45 | 46 | 47 | 48 | 49 | 50 | 51 | 52 | 53 | 54 | 55 | 56 | 57 | 58 | 59 | 60 |
|----|----|----|----|----|----|----|----|----|----|----|----|----|----|----|----|----|----|----|----|
| ② | ② | ④ | ① | ④ | ② | ③ | ④ | ② | ③ | ① | ② | ② | ② | ④ | ③ | ④ | ② | ④ | ① |

**01** 다음 중 알코올성 음료를 의미하는 용어가 아닌 것은?

① Hard Drink
② Liquor
③ Ginger Ale
④ Spirits

**02** 비알코올성음료의 분류방법에 해당되지 않는 것은?

① 청량음료
② 영양음료
③ 발포성음료
④ 기호음료

**03** 다음 중 레드와인용 포도 품종이 아닌 것은?

① 리슬링(Riesling)
② 메를로(Merlot)
③ 피노 누아(Pinot Noir)
④ 카베르네 소비뇽(Cabernet Sauvignon)

**04** 이탈리아 와인에 대한 설명으로 틀린 것은?

① 거의 전 지역에서 와인이 생산된다.
② 지명도가 높은 와인산지로는 피에몬테, 토스카나, 베네토 등이 있다.
③ 이탈리아 와인 등급체계는 5등급이다.
④ 네비올로, 산지오베제, 바르베라, 돌체토 포도 품종은 레드와인용으로 사용된다.

**05** 다음 보기들과 거리가 가장 가까운 것은?

> 만사니아(Manzanilla), 몬티아(Montilla), 올로로소(Oloroso), 아몬티아도(Amontillado)

① 이탈리아산 포도주
② 스페인산 백포도주
③ 프랑스산 샴페인
④ 독일산 포도주

**06** 다음 중 호크 와인(Hock Wine)으로 옳은 것은?

① 독일 라인산 화이트 와인
② 프랑스 버건디산 화이트 와인
③ 스페인 호크하임엘산 레드 와인
④ 이탈리아 피에몬테산 레드 와인


**07** 발포성 와인의 이름이 잘못 연결된 것은?

① 스페인 – 카바(Cava)
② 독일 – 젝트(Sekt)
③ 이탈리아 – 스푸만테(Spumante)
④ 포르투갈 – 도세(Doce)


**08** 와인에 대한 Corkage의 설명으로 옳지 않은 것은?

① 업장의 와인이 아닌 개인이 따로 가져온 와인을 마시고자 할 때 적용된다.
② 와인을 마시기 위해 이용되는 글라스, 직원 서비스 등에 대한 요금이 포함된다.
③ 주로 업소가 보유하고 있지 않은 와인을 시음할 때 많이 적용된다.
④ 코르크로 밀봉되어 있는 와인을 서비스하는 경우에 적용되며, 스크류캡을 사용한 와인
   은 부과되지 않는다.


**09** 다음 중 소믈리에(Sommelier)의 주요 임무로 옳은 것은?

① 기물세척(Utensil Cleaning)
② 주류저장(Store Keeper)
③ 와인판매(Wine Steward)
④ 칵테일조주(Cocktail Mixing)


**10** 과일이나 곡류를 발효시켜 증류한 스피릿츠(Spirits)에 감미와 천연 추출물 등을 첨가한 주류로
옳은 것은?

① 양조주(Fermented Liquor)
② 증류주(Distilled Liquor)
③ 혼성주(Liqueur)
④ 아쿠아비트(Aquavit)

**11** 리큐르(Liqueur)의 여왕이라고 불리며 프랑스의 수도원의 이름을 가지고 있는 주류는?

① 드람뷔이(Drambuie)
② 샤르트뢰즈(Chartreuse)
③ 베네딕틴(Benedictine)
④ 체리 브랜디(Cherry Brandy)

**12** 다음 중 Bitter가 아닌 것은?

① Angostura
② Campari
③ Galliano
④ Amer Picon

**13** 리큐르 중 D.O.M. 글자가 표기되어 있는 것은?

① Sloe Gin
② Kahlua
③ Kummel
④ Benedictine

**14** 슬로 진(Sloe Gin)에 대한 설명으로 옳은 것은?

① 증류주의 일종이며, 진(Gin)의 종류이다.
② 보드카(Vodka)에 그레나딘 시럽을 첨가한 것이다.
③ 아주 천천히 분위기 있게 먹는 칵테일이다.
④ 진(Gin)에 야생자두(Sloe Berry)의 성분을 첨가한 것이다.

**15** 맥주의 제조과정 중 발효가 끝난 후 숙성시킬 때의 온도로 가장 적합한 것은?

① −1~3℃
② 8~10℃
③ 12~14℃
④ 16~20℃

**16** 다음 중 밀(Wheat)을 주원료로 만든 맥주는?

① 산 미구엘(San Miguel)
② 호가든(Hoegaarden)
③ 람빅(Lambic)
④ 포스터스(Foster's)

**17** 맥주 제조 시 홉(Hop)를 사용하는 가장 주된 이유는?

① 잡냄새 제거
② 단백질 등 질소화합물 제거
③ 맥주색깔의 강화
④ 맥즙의 살균

**18** 혼합물을 구성하는 각 물질의 비등점의 차이를 이용하여 만드는 술을 무엇이라 하는가?

① 발효주
② 발아주
③ 증류주
④ 양조주

**19** 일반적으로 단식 증류기(Pot Still)로 증류하는 것은?

① Kentucky Straight Bourbon Whiskey
② Grain Whisky
③ Dark Rum
④ Aquavit

**20** 콘 위스키(Corn Whiskey)에 대한 설명으로 옳은 것은?

① 원료의 50% 이상 옥수수를 사용한 것
② 원료에 옥수수 50%, 호밀 50%가 섞인 것
③ 원료의 80% 이상 옥수수를 사용한 것
④ 원료의 40% 이상 옥수수를 사용한 것

**21** 다음 중 식후 주(After Dinner Drink)로 가장 적합한 것은?

① 코냑(Cognac)
② 드라이 셰리 와인(Dry Sherry Wine)
③ 드라이 진(Dry Gin)
④ 베르무트(Vermouth)

**22** 다음 중 럼에 대한 설명으로 옳지 않은 것은?

① 럼의 주재료는 사탕수수이다.
② 럼은 서인도제도를 통치하는 유럽의 식민정책 중 삼각무역에 사용되었다.
③ 럼은 사탕을 첨가하여 만든 리큐르이다.
④ 럼의 향과 맛에 따라 라이트 럼, 미디엄 럼, 헤비 럼으로 분류된다.

**23** 보드카의 설명으로 옳지 않은 것은?

① 슬라브 민족의 국민주로 애음되고 있다.
② 보드카는 러시아에서만 생산된다.
③ 보드카의 원료는 주로 보리, 밀, 호밀, 옥수수, 감자 등이다.
④ 보드카에 향을 입힌 보드카를 플레이버 보드카라 칭한다.

**24** 다음 중 Whisky의 재료가 아닌 것은?

① 맥아      ② 보리

③ 호밀      ④ 감자

**25** 브랜디에 대한 설명으로 가장 거리가 먼 것은?

① 포도 또는 과실을 발효하여 증류한 술이다.

② 코냑 브랜디에 처음으로 별표의 기호를 도입한 것은 1865년 헤네시(Hennessy)사다.

③ Brandy는 저장기간을 법적으로 정해진 부호로 표시한다.

④ 와인을 2~3회 단식 증류기(Pot Still)로 증류한 것이 브랜디이다.

**26** 위스키의 원료에 따른 분류가 아닌 것은?

① 몰트 위스키

② 그레인 위스키

③ 포트 스틸 위스키

④ 블렌디드 위스키

**27** 우리나라 전통주에 대한 설명으로 틀린 것은?

① 증류주 제조기술은 고려시대 때 몽고에 의해 전파되었다.

② 탁주는 쌀 등 곡식을 주로 이용하였다.

③ 탁주, 약주, 소주의 순서로 개발되었다.

④ 청주는 쌀의 향을 얻기 위해 현미를 주로 사용한다.

**28** 국가지정 중요무형문화재로 지정받은 전통주가 아닌 것은?

① 충남 면천두견주

② 진도 홍주

③ 서울 문배주

④ 경주 교동법주

**29** 탄산음료 중 뒷맛이 쌉쌀한 맛이 남는 음료는?

① 콜린스 믹스

② 토닉 워터

③ 진저 에일

④ 콜라

**30** 다음 중 생산지의 연결이 옳은 것은?

① 비시 워터 – 오스트리아
② 셀처 워터 – 독일
③ 에비앙 워터 – 그리스
④ 페리에 워터 – 이탈리아

**31** 에스프레소의 커피추출이 빨라지는 원인이 아닌 것은?

① 너무 굵은 분쇄입자
② 약한 탬핑 강도
③ 너무 많은 커피 사용
④ 높은 펌프 압력

**32** 커피 로스팅의 정도에 따라 약한 순서에서 강한 순서로 나열한 것으로 옳은 것은?

① American Roasting → German Roasting → French Roasting → Italian Roasting
② German Roasting → Italian Roasting → American Roasting → French Roasting
③ Italian Roasting → German Roasting → American Roasting → French Roasting
④ French Roasting → American Roasting → Italian Roasting → German Roasting

**33** 다음 중 구매부서의 역할이 아닌 것은?

① 검수                    ② 저장
③ 불출                    ④ 판매

**34** Pousse Cafe를 만드는 재료 중 가장 마지막에 첨가하는 것은?

① Brandy
② Grenadine
③ Creme De Menthe(White)
④ Creme De Cassis

**35** Manhattan 조주 시 사용하는 기물은?

① 셰이커(Shaker)
② 믹싱 글라스(Mixing Glass)
③ 전기 블렌더(Blender)
④ 주스 믹서(Juice Mixer)

**36** 바텐더의 칵테일용 가니쉬 재료 손질에 관한 설명 중 거리가 가장 먼 것은?

① 레몬 슬라이스는 미리 손질하여 밀폐용기에 넣어서 준비한다.
② 오렌지 슬라이스는 미리 손질하여 밀폐용기에 넣어서 준비한다.
③ 레몬 껍질은 미리 손질하여 밀폐용기에 넣어서 준비한다.
④ 딸기는 미리 꼭지를 제거한 후 깨끗하게 세척하여 밀폐용기에 넣어서 준비한다.

**37** Gin & Tonic에 알맞은 Glass와 장식은?

① Collins Glass – Pineapple Slice
② Cocktail Glass – Olive
③ Cordial Glass – Orange Slice
④ Highball Glass – Lemon Slice

**38** Classic Bar의 특징과 거리가 가장 먼 것은?

① 서비스의 중점을 정중함과 편안함에 둔다.
② 소규모 라이브 음악을 제공한다.
③ 고객에게 화려한 바텐딩 기술을 선보인다.
④ 칵테일 조주 시 정확한 용량과 방법으로 제공한다.

**39** 다음 중 위스키가 기주로 쓰이지 않는 칵테일은?

① 뉴욕(New York)
② 로브 로이(Rob Roy)
③ 블랙 러시안(Black Russian)
④ 맨하탄(Manhattan)

**40** 셰이킹(Shaking) 기법에 대한 설명으로 틀린 것은?

① 셰이커에 얼음을 충분히 넣어 빠른 시간 안에 잘 섞이고 차게 한다.

② 셰이커에 재료를 순서대로 Cap을 Strainer에 씌운 다음 Body에 덮는다.

③ 잘 섞이지 않는 재료들을 셰이커에 넣어 세차게 흔들어 섞는 조주기법이다.

④ 계란, 우유, 크림, 당분이 많은 리큐르 등으로 칵테일을 만들 때 많이 사용된다.


**41** 다음 중 주장의 종류로 거리가 가장 먼 것은?

① Cocktail Bar

② Members Club Bar

③ Snack Bar

④ Pub Bar


**42** 다음 중 달걀이 들어가는 칵테일은?

① Millionaire

② Black Russian

③ Brandy Alexander

④ Daiquiri


**43** 다음 중 휘젓기(Stirring) 기법으로 만드는 칵테일이 아닌 것은?

① Manhattan

② Martini

③ Gibson

④ Gimlet


**44** 다음 중 Floating 기법으로 만들지 않는 칵테일은?

① B&B

② Pousse Cafe

③ B-52

④ Black Russian


**45** 주장(Bar)에서 기물의 취급방법으로 적합하지 않은 것은?

① 금이 간 접시나 글라스는 규정에 따라 폐기한다.

② 은기물은 은기물 전용 세척액에 오래 담가두어야 한다.

③ 크리스탈 글라스는 가능한 손으로 세척한다.

④ 식기는 같은 종류별로 보관하며 너무 많이 쌓아두지 않는다.

**46** 다음 중 바의 매출액 구성요소 산정방법으로 옳은 것은?

① 매출액 = 고객수 ÷ 객단가

② 고객수 = 고정고객 × 일반고객

③ 객단가 = 매출액 ÷ 고객수

④ 판매가 = 기준단가 × (재료비/100)


**47** 다음 중 바(Bar) 기물이 아닌 것은?

① Bar Spoon          ② Shaker

③ Chaser             ④ Jigger


**48** 글라스 세척 시 알맞은 세제와 세척순서로 짝지어진 것은?

① 산성세제, 더운물 → 찬물

② 중성세제, 찬물 → 더운물

③ 산성세제, 찬물 → 더운물

④ 중성세제, 더운물 → 찬물


**49** 다음 중 Rum 베이스 칵테일이 아닌 것은?

① Daiquiri          ② Cuba Libre

③ Mai Tai           ④ Stinger


**50** 다음 중 보드카(Vodka)를 주재료로 사용하지 않는 칵테일은?

① Cosmopolitan      ② Kiss of Fire

③ Apple Martini      ④ Margarita


**51** Which one is the spirit made from agave?

① Tequila           ② Rum

③ Vodka            ④ Gin


**52** 다음 (  )에 들어갈 단어로 가장 적합한 것은?

(     ) goes well with dessert.

① Ice Wine         ② Red Wine

③ Vermouth        ④ Dry Sherry

**53** "a glossary of basic wine terms"의 연결로 틀린 것은?

① Balance : the portion of the wine's odor derived from the grape variety and fermentation.

② Nose : the total odor of wine composed of aroma, bouquet, and other factors.

③ Body : the weight or fullness of wine on palate.

④ Dry : a tasting term to denote the absence of sweetness in wine.

**54** Dry Gin, Egg White, and Grenadine are the main ingredients of (          ).

① Bloody Mary

② Eggnog

③ Tom and Jerry

④ Pink Lady

**55** Which is not an appropriate instrument for stirring method of how to make cocktail?

① Mixing Glass

② Bar Spoon

③ Shaker

④ Strainer

**56** "5월 5일에는 이미 예약이 다 되어 있습니다."의 표현은?

① We look forward to seeing you on May 5th.

② We are fully booked on May 5th.

③ We are available on May 5th.

④ I will check availability on May 5th.

**57** 다음 중 틀린 문장은?

① Are you in a hurry?

② May I help With you your baggage

③ Will you pay in cash or with a credit card?

④ What is the most famous in Seoul?

**58** 아래 문장의 의미는 무엇인가?

> The line is busy, so I can't put you through.

① 통화 중이므로 바꿔 드릴 수 없습니다.
② 고장이므로 바꿔 드릴 수 없습니다.
③ 외출 중이므로 바꿔 드릴 수 없습니다.
④ 아무도 없으므로 바꿔 드릴 수 없습니다.

**59** 다음 중 그 의미가 나머지와 다른 하나는?

① It's my treat this time.
② I'll pick up the tab.
③ Let's go Dutch.
④ It's on me.

**60** ( ) 안에 가장 적합한 표현으로 짝지어진 것은?

> A bartender must ( ) his helpers, waiters or waitress. He must also ( ) various kinds of records, such as stock control, inventory, daily sales report, purchasing report and so on.

① take, manage
② supervise, handle
③ respect, deal
④ manage, careful

**정답**

| 1 | 2 | 3 | 4 | 5 | 6 | 7 | 8 | 9 | 10 | 11 | 12 | 13 | 14 | 15 | 16 | 17 | 18 | 19 | 20 |
|---|---|---|---|---|---|---|---|---|---|---|---|---|---|---|---|---|---|---|---|
| ③ | ③ | ① | ③ | ② | ① | ④ | ④ | ③ | ③ | ② | ③ | ④ | ④ | ① | ② | ② | ③ | ③ | ③ |
| 21 | 22 | 23 | 24 | 25 | 26 | 27 | 28 | 29 | 30 | 31 | 32 | 33 | 34 | 35 | 36 | 37 | 38 | 39 | 40 |
| ① | ③ | ② | ④ | ③ | ③ | ④ | ② | ② | ② | ③ | ① | ④ | ① | ② | ④ | ④ | ③ | ③ | ② |
| 41 | 42 | 43 | 44 | 45 | 46 | 47 | 48 | 49 | 50 | 51 | 52 | 53 | 54 | 55 | 56 | 57 | 58 | 59 | 60 |
| ③ | ① | ④ | ④ | ② | ③ | ③ | ④ | ④ | ④ | ① | ① | ① | ④ | ③ | ② | ② | ① | ③ | ② |

# Part
## 2

조주기능사 실기

CHAPTER
01

# 조주에 사용되는 도구

## (1) 칵테일 조주를 위한 얼음(Ice) 관련 도구

칵테일은 대부분 차갑게 마시는 술이기 때문에 얼음을 사용하기 위한 도구가 필요하다.

| 도구 이름 | 기능 설명 | 사 진 |
|---|---|---|
| 제빙기<br>(Ice Machine) | 얼음을 만들어 주는 기계 | |
| 아이스 스쿱<br>(Ice Scoop) | 제빙기에서 얼음을 푸는 삽 모양의 도구 | |
| 아이스 페일<br>(Ice Pale) | 아이스 스쿱으로 퍼온 얼음을 담아 두는 통 | |
| 아이스 텅<br>(Ice Tong) | 아이스 페일에 있는 얼음을 위생적으로 집는 집게 | |

## (2) 칵테일 조주를 위한 얼음(Ice) 종류

칵테일 조주에는 다양한 종류의 얼음이 필요하지만 조주기능사 실기시험에서는 Cubed Ice(정육면체)가 준비된다.

| 얼음 이름 | 용도 설명 | 사 진 |
|---|---|---|
| 블랙 오브 아이스<br>(Block Of Ice) | 파티 행사 시 펀치볼에 넣는 큰 얼음 덩어리 | |
| 럼프 오브 아이스<br>(Lump Of Ice) | 일반적으로 On The Rock 전용 얼음 | |
| 크랙드 오브 아이스<br>(Cracked Of Ice) | 아이스픽을 이용해 얼음덩어리를 3~4cm 크기로 쪼갠 칵테일용 얼음 | |
| 큐브드 오브 아이스<br>(Cubed Of Ice) | 냉장고나 제빙기에서 만들어 지는 정육면체 얼음<br>※ 조주기능사 실기시험에서는 대부분 제빙기 얼음을 사용한다. | |
| 크러쉬드 오브 아이스<br>(Crushed Of Ice) | 잘게 부순 알갱이 모양의 얼음 | |
| 쉐이브드 오브 아이스<br>(Shaved Of Ice) | 빙수용 얼음 | |

## (3) 칵테일을 조주하기 위한 도구

칵테일 조주에 필요한 대표적인 도구는 다음과 같다.

| 도구 이름 | 기능 설명 | 사 진 |
|---|---|---|
| 바 스푼<br>(Bar Spoon) | 티스푼과 같은 것으로 칵테일의 내용물을 측정할 때 사용하는 기구이다. | |
| 지거 글라스<br>(Jigger Glass) | Measure Cup이라고도 하며 술의 양을 측정하는 기구이며 한쪽은 1oz ≒ 30㎖이고 다른 쪽은 $1\frac{1}{2}$oz ≒ 45㎖ 용량이다. | |
| 셰이커<br>(Shaker) | 술 베이스에 부재료 등을 섞고 빠르게 흔드는 기구로 얼음을 급히 냉각시킨다. Shaker의 구성은 바디(Body), 스트레이너(Strainer), 캡(Cap)으로 되어있다. | |
| 믹싱 글라스<br>(Mixing Glass) | 칵테일의 맛이 변하는 것을 방지하는 Stir(휘젓기) 기법에 사용하는 글라스이며, 재질은 유리 및 스테인리스이다. | |
| 스트레이너<br>(Strainer) | 칵테일을 유리잔에 옮길 때 믹싱 글라스에 걸쳐서 얼음이 쏟아지지 않도록 하는 기구이다.(얼음 여과기) | |
| 블렌더<br>(Blender) | 일반적으로 믹서를 말하며 얼음과 재료를 넣어서 혼합한다. 조주기능사 실기시험장에 따라 블렌더의 종류가 다르기 때문에 시험장에서는 미리 확인을 해야 한다. | |

| | | |
|---|---|---|
| 코스터<br>(Coaster) | 칵테일 완성 후 글라스를 받치기 위해서 물기를 흡수하는 재질로 만든 잔 받침대이다. | |
| 마른 행주 | 물기를 닦아주는 헝겊으로 만든 것이며, 린넨을 사용하기도 한다. | |
| 도마 | 장식을 위한 과일 등을 자를 때 쓰는 받침대이다. | |
| 칼 | 장식을 위한 과일을 자르는 도구이다. | |

## 2 글라스웨어

칵테일 조주에 필요한 대표적인 글라스웨어는 다음과 같다.

| 글라스웨어 이름 | 기능 설명 | 사 진 |
|---|---|---|
| 칵테일 글라스<br>(Cocktail Glass) | 서너 모금에 다 마시는 쇼트 드링크 칵테일을 위한 글라스로 마티니 글라스라고도 한다. 역삼각형 모양이 일반적이다. | |

| | | | |
|---|---|---|---|
| 샴페인 글라스<br>(Champagne Glass) | Saucer(쏘서)형 | 일반형의 4oz로 길쭉한 형태 | |
| | Flute(플루트)형 | $6\frac{2}{3}$oz로 둥근 형태 | |
| 온 더 락 글라스<br>(On The Rock Glass) | On The Rock은 '바위 위'라는 뜻인데, Glass에 얼음을 2~3개 넣어 그 위에 술을 따르면 마치 바위에 따르는 것처럼 보이기 때문에 붙여진 표현이다.<br>※ 다른 말로 올드 패션드 글라스(Old Fashioned Glass)라고도 한다. | | |
| 하이볼 글라스<br>(Highball Glass) | 일반적인 소프트 드링크를 따라 마시기에 좋은 글라스이다. | | |
| 리큐르 글라스<br>(Liqueur Glass) | 리큐르 글라스의 용량은 3oz와 일자로 쭉 빠진 1oz가 있는데, 여성용의 혼성주를 부어 마실 때 사용하며 스템이 짧고 작은 튤립형 글라스이다. | | |
| 셰리 글라스<br>(Sherry Glass) | 스페인 특산의 주정강화 와인, 셰리를 마실 때 사용하는 글라스이다. 리큐르 글라스와 와인 글라스의 중간 크기로 용량은 60~75㎖ 정도(표준은 60㎖)이다. | | |
| 콜린스 글라스<br>(Collins Glass) | 보통 물 잔과 비슷한 큰 원통 모양 잔으로 용량은 12oz 정도이다. 키가 크다고 하여 톨 글라스(Tall Glass) 또는 굴뚝을 닮았다고 침니 글라스(Chimney Glass)라고도 한다. 텀블러와 동일한 모양에 크기만 다르다. | | |
| 필스너 글라스<br>(Pilsner Glass) | 발이 달린 키가 큰 글라스로 주둥이에서 바닥으로 갈수록 점점 가늘어진다. 일반적으로 맥주를 서브하는 데 쓰이는 글라스로 사용하기도 한다. | | |

※ 조주기능사 실기시험 글라스 및 레시피 기준

주의할 사항은 실기시험장마다 준비되어 있는 글라스 크기와 모양이 다를 수 있기 때문에 반드시 글라스 형태를 체크한 후 확실하지 않은 부분은 질문을 통해 정확히 숙지해둬야 한다.

| 글라스 종류 | 글라스 크기 | 레시피 용량 | 사 진 |
|---|---|---|---|
| 칵테일(Cocktail)<br>글라스 | $4\frac{1}{2}$oz | $2\frac{1}{4} \sim 2\frac{3}{4}$oz | |
| 하이볼(Highball)<br>글라스 | 8oz | 주재료 $1\frac{1}{2}$oz | |
| 콜린즈(Collins)<br>글라스 | $12\frac{1}{2}$oz | 주재료 2oz<br>부재료가 있는 경우<br>주재료 $1\frac{1}{2}$oz와 부재료 $\frac{1}{2}$oz | |
| 필스너(Pilsner)<br>글라스 | 10oz | $5 \sim 6\frac{1}{4}$oz | |
| 사워(Sour)<br>글라스 | 5oz | 3oz | |
| 샴페인 Sauce형<br>(Champpagne)<br>글라스 | 4oz | $2\frac{3}{4} \sim 3$oz | |

# 칵테일 조주에 사용되는 조주 기법

## (1) Shaking(혼합하기) 조주 기법

- 정의 : 셰이커(Shaker)에 얼음과 재료를 넣고 흔들어서 혼합하는 기법으로 내용물 혼합이 잘 안 되는 재료일 때 사용하는 방법이다.
  - 사용도구 : 지거, Shaker
  - 조주방법 : 얼음을 기본주, 혼성주, 부재료와 함께 셰이커 바디에 넣고 스트레이너와 캡을 닫은 후 흔든다. 흔드는 횟수는 재료의 특성에 따라 다르다.

## (2) Stirring(휘젓기) 조주 기법

- 정의 : Mixing Glass에 얼음과 술을 넣고 바 스푼(Bar Spoon)으로 재빨리 조주하는 방법이다. Shake를 사용하기에는 칵테일이 불투명하고 묽어질 염려가 있을 때 사용하는 방법이다.
  - 사용도구 : 지거, 믹싱 글라스, 스트레이너, 바 스푼
  - 조주방법 : 믹싱 글라스에 얼음, 기본주, 부재료를 넣고 바 스푼으로 휘저은 후 스트레이너를 이용하여 준비된 글라스에 칵테일을 따른다.

## (3) Building(직접 넣기) 조주 기법

- 정의 : 가장 쉬운 칵테일 기법으로 글라스에 얼음과 재료를 직접 부어서 넣는 방법이다.
  - 사용도구 : 지거, 바 스푼
  - 조주방법 : 가장 간단한 방법으로, 마시고자 하는 글라스에 얼음을 넣고 술과 부재료를 넣고 바 스푼으로 저어준다.

## (4) Floating(띄우기) 조주기법

- 정의 : 알코올 도수나 당분 함량 때문에 생기는 비중의 차이를 이용하여 술이 층층이 쌓이도록 하는 기법이다. 술을 쌓는 방법은 안쪽 벽에 바 스푼을 뒤집어서 가볍게 밀착시킨 다음 비중이 무거운 술부터 차례로 뒤집은 바 스푼의 바깥 면에 조심스럽게 따른다.
  - 사용도구 : 바 스푼, 지거
  - 조주방법 : 바 스푼과 지거를 사용하여 글라스에 직접 술을 부어서 층(Layer)을 만드는 방법이다.

## (5) Blending(믹서 사용) 조주 기법

- 정의 : 블렌더 기계를 이용하여 칵테일을 만드는 방법으로 블렌더 안에 잘게 부순 얼음과 재료를 넣어서 혼합한다.
  - 사용도구 : 블렌더(Blender), 지거
  - 조주방법 : 블렌더에 분쇄된 얼음 또는 각얼음을 술, 부재료와 함께 넣고 혼합하여 글라스에 부어서 마신다.

※ 실기 시험장마다 블레더 종류가 다르기 때문에 사용법은 사전에 질문을 통해 숙지해둬야 한다.

CHAPTER
03

# 조주기능사 실기시험에 사용 되는 장식

재료 : 레드체리, 오렌지(슬라이스 오렌지), 레몬(슬라이스 레몬, 웨지 레몬, 레몬 필), 소금, 설탕, 넛메그 가루(육두구)

※ 조주기능사 실기시험에서 사용되는 장식(Garnish)을 그림으로 표현하면 다음과 같다.

| 레드체리<br>(Red Cherry) | 슬라이스 오렌지<br>(Slice Orange) | 레드체리와 슬라이스 오렌지<br>(Red Cherry & Slice Orange) | 레몬<br>(Lemon) |
|---|---|---|---|
| | | | |
| | | | |

| 올리브<br>(Olive) | 레몬 필<br>(Lemon Peel) | 소금<br>(Salt) | 설탕<br>(Sugar) |
|---|---|---|---|
| | | | |

| 넛메그 가루<br>(Nutmeg Powder)<br>육두구 | 생선요리나 고기요리의 잡내를 없애는 데 사용하며, 칵테일에서는 비린 맛 제거를 위해 쓰인다. | 웨지 레몬<br>(Wedge Lemon) | |
|---|---|---|---|

# 조주기능사 실기시험 40가지 작품

조주기능사 실기시험 작품은 바(BAR)에서 판매되고 있는 국제적인 공식 칵테일과 우리나라 전통주를 사용하여 칵테일을 조주하는 음료분야의 유일한 국가공인자격증 시험이다. 2014년까지는 50개 작품을 기준으로 실기시험을 시행했으나 2015년부터는 40개 작품을 기준으로 실기시험을 시행하고 있다. 2024년부터 불바르디에(Boulevardier) 칵테일이 추가되어 40개 작품으로 변경되었다.

## 1  국가기술자격 검정 실기시험 문제지

◉ **시험시간 : 7분**

### (1) 요구사항

**1) 다음의 칵테일 중 감독위원이 제시하는 3가지 작품을 조주하여 제출하시오**

| 번 호 | 칵테일 이름 | 번 호 | 칵테일 이름 | 번 호 | 칵테일 이름 |
|---|---|---|---|---|---|
| 1 | Pousse Café | 15 | Bacardi Cocktail | 29 | Blue Hawaiian |
| 2 | Manhattan Cocktail | 16 | Cuba Libre | 30 | Kir |
| 3 | Dry Martini | 17 | Grasshopper | 31 | Tequila Sunrise |
| 4 | Old Fashioned | 18 | Seabreeze | 32 | Healing |
| 5 | Brandy Alexander | 19 | Apple Martini | 33 | Jindo |
| 6 | Singapore Sling | 20 | Negroni | 34 | Puppy Love |
| 7 | Black Russian | 21 | Long Island Iced Tea | 35 | Geumsan |
| 8 | Margarita | 22 | Side Car | 36 | Gochang |
| 9 | Rusty Nail | 23 | Mai Tai | 37 | Gin Fizz |
| 10 | Whiskey Sour | 24 | Pinã Colada | 38 | Fresh Lemon Squash |
| 11 | New York | 25 | Cosmopolitan Cocktail | 39 | Virgin Fruit Punch |
| 12 | Daiquiri | 26 | Moscow Mule | 40 | Boulevardier |
| 13 | B-52 | 27 | Apricot Cocktail | | |
| 14 | June Bug | 28 | Honeymoon Cocktail | | |

## 2) 수험자 유의사항

가. 감독위원이 요구한 3가지 작품을 7분 내에 완료하여 제출한다.

나. 검정장시설과 지급재료 이외의 도구 및 재료를 사용할 수 없다.

다. 시설이 파손되지 않도록 주의하며, 실기시험이 끝난 수험자는 본인이 사용한 기물을 3분 이내에 세척·정리하여 원위치에 놓고 퇴장한다.

라. 실격되는 경우는 다음과 같다.

- 오작 : 3가지 과제 중 2가지 이상의 주재료(주류), 조주법(기법), 글라스 사용, 장식 선택이 잘못된 경우, 1과제 내에 부재료 선택이 2가지 이상 잘못된 경우

- 미완성 : 요구된 작품 3가지 중 1가지라도 제출하지 못한 경우


## 2  기본주(Base) 기준 분류

기본주를 기준으로 39가지 작품을 분류하는데 기본주의 종류는 위스키, 진, 럼, 데킬라, 보드카, 우리 술, 리큐어, 무알코올로 조주한 칵테일로 분류하였다. 실기시험에서 기본주를 잘못 사용하면 '오작'이 되어 '불합격'한다. 따라서 기본주를 기준으로 암기하는 것이 좋다.


### (1) 보드카(Vodka) 기본주

① Cosmopolitan(코스모폴리탄)    ② Apple Martini(애플 마티니)

③ Seabreeze(시브리즈)    ④ Moscow Mule(모스코 뮬)

⑤ Black Russian(블랙 러시안)    ⑥ Long Island Iced Tea(롱 아일랜드 아이스티)


### (2) 진(Gin) 기본주

① Dry Martini(드라이 마티니)    ② Singapore Sling(싱가포르 슬링)

③ Negroni(네그로니)    ④ Gin Fizz(진 피즈)


### (3) 리큐르(Liqueur) 기본주

① June Bug(준 벅)    ② Apricot(애프리코트)

③ Grasshopper(그래스하퍼)    ④ B-52(비-52)

⑤ Pousse Café(푸스 카페)

## (4) 브랜디(Brandy) 기본주

① Side Car(사이드 카)  ② Brandy Alexander(브랜디 알렉산더)
③ Honeymoon(허니문)

## (5) 럼(Rum) 기본주

① Bacardi(바카디)  ② Daiquiri(다이키리)
③ Cuba Libre(쿠바 리브레)  ④ Mai-Tai(마이 타이)
⑤ Pina Colada(피나 콜라다)  ⑥ Blue Hawaiian(블루 하와이언)

## (6) 위스키(Whisky) 기본주

① New York(뉴욕)  ② Manhattan(맨하탄)
③ Rusty Nail(러스티 네일)  ④ Old Fashioned(올드 패션드)
⑤ Whiskey Sour(위스키 사워)  ⑥ Boulevardier(불바르디에)

## (7) 데킬라(Tequila) 기본주

① Tequila Sunrise(데킬라 선라이즈)  ② Margarita(마가리타)

## (8) 와인(Wine) 기본주

① Kir(키르)

## (9) 우리 술(전통주) 기본주

① Healing(힐링)  ② Jindo(진도)
③ Puppy Love(풋사랑)  ④ Geumsan(금산)
⑤ Gochang(고창)

## (10) 무알코올 (Non- Alcohol)

① Fresh Lemon Squash(프레쉬 레몬 스퀴시)
② Virgin Fruit Punch(버진 프룻 펀지)

## 1) 보드카(VODKA) 기본주 – 6가지

## 코스모폴리탄(Cosmopolitan)

| | |
|---|---|
| 조주방법 | 셰이킹 |
| 글라스웨어 | 칵테일 |
| 레시피 | 보드카 1oz |
| | 트리플 섹 $\frac{1}{2}$oz |
| | 라임주스 $\frac{1}{2}$oz |
| | 크랜베리주스 $\frac{1}{2}$oz |
| 장식 | 레몬껍질(Peel) |
| | Twist of Lemon(Lime) Peel |
| 유래 | 1990년대 드라마 '섹스 앤 더 시티'를 통하여 유명해진 칵테일이다. |
| 조주 순서 | • 얼음으로 칠링한 칵테일 글라스를 준비한다. |

• 셰이커 바디에 얼음을 넣는다.

• 바디에 보드카 1oz를 넣는다.

• 바디에 트리플 섹 $\frac{1}{2}$oz를 넣는다.

• 바디에 라임주스 $\frac{1}{2}$oz를 넣는다.

• 바디에 크랜베리주스 $\frac{1}{2}$oz를 넣는다.

• 셰이킹한다.

• 셰이커에서 조주된 칵테일을 글라스에 따른다.

  ※ 칵테일 글라스에 Chilling된 얼음은 버린다.

• 도마와 칼을 사용하여 레몬껍질을 만든 후 손으로 비튼다.

• 글라스 안에 아이스 텅을 이용하여 넣어준다.

• 해당되는 번호가 있는 잔 받침대(Coaster)에 작품을 7분 내에 둔다.

## 애플 마티니(Apple Martini)

| | |
|---|---|
| 조주방법 | 셰이킹 |
| 글라스웨어 | 칵테일 |
| 레시피 | 보드카 1oz |
| | 애플 퍼커 1oz |
| | 라임주스 $\frac{1}{2}$oz |
| 장식 | A Slice of Apple |
| 유래 | 향긋한 사과향이 여성들을 유혹해 홀짝홀짝 마시게 하여 취하게 한다는 칵테일이다. |

조주 순서  • 얼음으로 칠링한 칵테일 글라스를 준비한다.

• 셰이커 바디에 얼음을 넣는다.

• 바디에 보드카 1oz를 넣는다.

• 바디에 애플 퍼커 1oz를 넣는다.

• 바디에 라임주스 $\frac{1}{2}$oz를 넣는다.

• 셰이킹한다.

• 셰이커에서 조주된 칵테일을 글라스에 따른다.

※ 칵테일 글라스에 Chilling된 얼음은 버린다.

• 도마와 칼을 사용하여 슬라이스 사과를 만든 후 칼집을 낸다.

• 글라스 립에 아이스 텅을 이용하여 꽂아준다.

• 해당되는 번호가 있는 잔 받침대(Coaster)에 작품을 7분 내에 둔다.

## 시브리즈(Seabreeze)

조주방법    빌딩

글라스웨어   하이볼

레시피      보드카 1$\frac{1}{2}$oz

크랜베리주스 3oz

자몽주스 $\frac{1}{2}$oz

장식       A Wedge of Lemon

유래       영화 '프렌치 키스'에서 주인공이 남자친구와 함께 프랑스 해변에서
바다바람을 맞으며 즐겼던 칵테일이다.

조주 순서   • 얼음을 많이 넣은 하이볼 글라스를 준비한다.

• 글라스에 보드카 1$\frac{1}{2}$oz를 붓는다.

• 글라스에 크랜베리주스를 3oz 붓는다.

• 글라스에 Grapefruit(자몽)주스를 $\frac{1}{2}$oz 붓는다.

• 바 스푼으로 저어준다.

• 도마와 칼을 사용하여 웨지 레몬을 만든다.

• 글라스 안에 아이스 텅으로 넣거나 글라스 립에 꽂는다.

• 해당되는 번호가 있는 잔 받침대(Coaster)에 작품을 7분 내에 둔다.

Tip 체크    레몬 Wedge 모양

## 모스코 뮬(Moscow Mule)

| | |
|---|---|
| 조주방법 | 빌딩 |
| 글라스웨어 | 하이볼 |
| 레시피 | 보드카 $1\frac{1}{2}$oz |
| | 라임주스 $\frac{1}{2}$oz |
| | 진저에일 8부 |
| 유래 | 모스코바의 노새라는 의미로 보드카 브랜드 'Sminoff'를 판촉하기 위해 창안했으며, 미국인에게 보드카의 맛을 보이는 기회로 만들기 위해 만들어진 칵테일이다. |
| 조주 순서 | • 얼음을 많이 넣은 하이볼 글라스를 준비한다.<br>• 글라스에 보드카 $1\frac{1}{2}$oz를 붓는다.<br>• 글라스에 라임주스를 $\frac{1}{2}$oz를 붓는다.<br>• 글라스에 진저에일(생강 탄산수)을 8부 붓는다.<br>• 바 스푼을 저어준다.<br>• 도마와 칼을 사용하여 슬라이스 레몬을 만든다.<br>• 글라스 립에 아이스 텅을 이용하여 꽂아준다.<br>• 해당되는 번호가 있는 잔 받침대(Coaster)에 작품을 7분 내에 둔다. |

## 블랙 러시안(Black Russian)

| | |
|---|---|
| 조주방법 | 빌딩 |
| 글라스웨어 | 올드 패션드 |
| 레시피 | 보드카 1 oz |
| | 깔루아(커피 리큐르) $\frac{1}{2}$oz |
| 장식 | – |
| 유래 | 러시아에서 블랙은 암흑의 세계, 장막의 나라, 자유의 구속을 의미하여 러시아인들은 싫어하지만 러시아의 빨강색에 대항하는 의미에서 붙어진 칵테일이다. |
| 조주 순서 | • 올드 패션드 글라스에 얼음을 넣고 준비한다.<br>• 글라스에 보드카 1oz를 붓는다.<br>• 글라스에 커피 리큐르(깔루아) $\frac{1}{2}$oz를 붓는다.<br>• 바 스푼으로 잔을 조금 기울여서 젓는다.<br>• 해당되는 번호가 있는 잔 받침대(Coaster)에 작품을 7분 내에 둔다. |

# 롱 아일랜드 아이스티(Long Island Iced Tea)

| | |
|---|---|
| 조주방법 | 빌딩 |
| 글라스웨어 | 콜린스 |
| 레시피 | 드라이 진 $\frac{1}{2}$oz |
| | 보드카 $\frac{1}{2}$oz |
| | 라이트 럼 $\frac{1}{2}$oz |
| | 데킬라 $\frac{1}{2}$oz |
| | 트리플 섹 $\frac{1}{2}$oz |
| | 스윗 & 사워 믹스 1 $\frac{1}{2}$oz |
| | 콜라 Fill |
| 장식 | A Wedge of Lemon(Lime) |
| 유래 | 미국에서 금주법 시행기간 동안 뉴욕의 바텐더들이 진짜 아이스티처럼 보이기 위해 콜라를 섞어 내면서 유래된 레몬 홍차의 향이 나는 칵테일이다. |
| 조주 순서 | • 얼음을 넣은 콜린스 글라스를 준비한다. |
| | • 글라스에 드라이 진 $\frac{1}{2}$oz를 붓는다. |
| | • 글라스에 보드카 $\frac{1}{2}$oz를 붓는다. |
| | • 글라스에 라이트 럼 $\frac{1}{2}$oz를 붓는다. |
| | • 글라스에 데킬라 $\frac{1}{2}$oz를 붓는다. |
| | • 글라스에 트리플 섹 $\frac{1}{2}$oz를 붓는다. |
| | • 글라스에 스윗 & 사워 믹스 1 $\frac{1}{2}$oz를 붓는다. |
| | • 글라스에 콜라를 적당하게 붓는다. |
| | • 바 스푼으로 저어준다. |
| | • 도마와 칼을 사용하여 웨지 레몬을 만든다. |
| | • 글라스 안에 아이스 텅을 이용하여 넣어주거나 글라스 립에 꽂아준다. |
| | • 해당되는 번호가 있는 잔 받침대(Coaster)에 작품을 7분 내에 둔다. |

## 2) 진(GIN) 기본주 – 4가지

## 드라이 마티니(Dry Martini)

| | |
|---|---|
| 조주방법 | 스터링 |
| 글라스웨어 | 칵테일 |
| 레시피 | 드라이 진 2oz |
| | 드라이 베르무트 $\frac{1}{3}$oz |
| 장식 | Green Olive |
| 유래 | Vermouth를 사용한 19세기 중엽부터 마시던 오래된 칵테일로 칵테일의 왕이라 불린다. |

조주 순서
- 얼음으로 칠링한 칵테일 글라스를 준비한다.
- 믹싱 글라스를 준비한 후 믹싱 글라스에 얼음을 넣는다.
- 드라이 진 2oz을 지거에 부은 후에 믹싱 글라스에 붓는다.
- 드라이 베르무트 $\frac{1}{3}$oz을 지거에 부은 후 믹싱 글라스에 붓는다.
- 바 스푼으로 믹싱 글라스를 잘 휘젓는다.
- 스트레이너로 믹싱 글라스를 막고 준비된 칵테일 글라스에 붓는다.
  ※ Chilling된 얼음은 버린다.
- 그린 올리브를 아이스 텅과 칵테일 픽을 이용하여 잔에 장식한다.
- 해당되는 번호가 있는 잔 받침대(Coaster)에 작품을 7분 내에 둔다.

## 싱가포르 슬링(Singapore Sling)

| | |
|---|---|
| 조주방법 | 셰이킹 + 빌딩 |
| 글라스웨어 | 필스너 |
| 레시피 | 드라이 진 $1\frac{1}{2}$oz |
| | 레몬주스 $\frac{1}{2}$oz |
| | 설탕가루 1tsp |
| | 소다수 8부 |
| | 체리 브랜디 $\frac{1}{2}$oz |
| 장식 | A Slice Orange & Red Cherry |
| 유래 | 항상 더운 싱가폴에서 탄생한 여름용 칵테일로 저녁노을을 이미지로 남녀구별 없이 즐겨 마시는 칵테일이다. |

조주 순서
- 필스너 글라스에 얼음을 많이 넣고 준비한다.
- 셰이커 바디에 얼음을 넣고 준비한다.

- 드라이 진 $1\frac{1}{2}$oz 넣는다.
- 레몬주스를 $\frac{1}{2}$oz 넣는다.
- 설탕가루를 1tsp 넣는다.
- 셰이킹 기법
- 필스너 글라스에 따른다.
- 소다수를 8부 정도 붓는다.
- 체리 브랜디 $\frac{1}{2}$oz를 붓는다.
- 빌딩 기법
- 아이스 텅과 칵테일 픽을 이용하여 슬라이스 오렌지와 레드체리로 장식한다.
- 해당되는 번호가 있는 잔 받침대(Coaster)에 작품을 7분 내에 둔다.

# 네그로니(Negroni)

| | |
|---|---|
| 조주방법 | 빌딩 |
| 글라스웨어 | 올드 패션드 |
| 레시피 | 드라이 진 $\frac{3}{4}$oz |
| | 스위트 베르무트 $\frac{3}{4}$oz |
| | 캄파리 $\frac{3}{4}$oz |
| 장식 | Twist of Lemon Peel |
| 유래 | 1962년 이탈리아에서 만들어진 칵테일로 떫은맛이 있는 캄파리 리큐르를 사용한 식전주로 마시는 칵테일이다. |
| 조주 순서 | • 올드 패션드 글라스에 얼음을 넣고 준비한다. |

- 글라스에 드라이 진 $\frac{3}{4}$oz를 붓는다.
- 글라스에 스위트 베르무트를 $\frac{3}{4}$oz 붓는다.
- 글라스에 캄파리 $\frac{3}{4}$oz 붓는다.
- 글라스를 기울인 채 바 스푼으로 저어준다.
- 도마와 칼을 사용하여 레몬껍질을 벗긴다.
- 손으로 레몬껍질을 비튼다.
- 아이스 텅을 이용하여 글라스 안에 넣어준다.
- 해당되는 번호가 있는 잔 받침대(Coaster)에 작품을 7분 내에 둔다.

# 진 피스(Gin Fizz)

| | |
|---|---|
| 조주방법 | 셰이킹 + 빌딩 |
| 글라스웨어 | 하이볼 |
| 레시피 | 진 $1\frac{1}{2}$oz |
| | 레몬주스 $\frac{1}{2}$oz |
| | 가루설탕 1tsp |
| | 소다수 8부 |
| 장식 | A Slice of Lemon |
| 유래 | 조주기능사 실기시험 작품 중 스피릿 진(Gin)에 야생자두인 오얏열매인 Sloe Berry를 침출시킨 리큐르을 사용한 "슬로운 진 피즈" 작품이 없어지고 새로 탄생한 작품으로 싱가포르 슬링과 레시피가 비슷하다. 여기서 피즈에 대한 개념을 살펴보면 피즈는 탄산수에서 탄산이 내는 소리를 듣고 만들어진 칵테일로 새콤달콤한 롱 드링크 칵테일이다. |
| 조주 순서 | • 하이볼 글라스에 큐브드 아이스를 8부 정도 넣고 글라스를 차갑게 한다. |
| | • Shake에 큐브드 아이스를 5~6개 넣고 탄산수인 소다수를 제외한 재료를 넣고 흔든다. |
| | • Shake 내용물을 하이볼 글라스에 따른다. – 여기까지 Saking 조주 기법 사용 |
| | • 하이볼 글라스에 소다수로 8부 정도 채우고 바스푼으로 잘 저어준다. – Building 기법 |
| | • 레몬 슬라이스로 장식한다. |

## 3) 리큐르(LIQUEUR) 기본주 - 5가지

## 준 벅(June Bug)

| | |
|---|---|
| 조주방법 | 셰이킹 |
| 글라스웨어 | 콜린스 |
| 레시피 | 멜론 리큐르(미도리) 1oz |
| | 코코넛 럼(말리부) $\frac{1}{2}$oz |
| | 바나나 리큐르 $\frac{1}{2}$oz |
| | 파인애플주스 2oz |
| | 스윗 & 사워 믹스 2oz |
| 장식 | Pine Apple & Red Cherry |
| 유래 | 6월의 배추벌레라는 의미로 연녹색의 색상을 띠며 메론향과 여러 가지 과일향이 느껴지는 맛있는 칵테일이다. |
| 조주 순서 | • 콜린스 글라스에 얼음을 넣고 준비한다. |
| | • 셰이커 바디에 얼음을 넣는다. |
| | • 셰이커에 멜론 리큐르(미도리) 1oz를 넣는다. |
| | • 코코넛 럼 $\frac{1}{2}$oz를 넣는다. |
| | • 바나나 리큐르 $\frac{1}{2}$oz를 넣는다. |
| | • 파인애플주스 2oz를 넣는다. |
| | • 스윗 & 사워 믹스 2oz를 넣는다. |
| | • 셰이킹한 후 준비된 콜린스 글라스에 따른다. |
| | • 도마와 칼을 사용하여 파인애플을 자른다. |
| | • 아이스 텅과 칵테일 픽을 이용하여 파인애플과 레드체리로 장식한다. |
| | • 해당되는 번호가 있는 잔 받침대(Coaster)에 작품을 7분 내에 둔다. |

## 애프리코트(Apricot)

| | |
|---|---|
| 조주방법 | 셰이킹 |
| 글라스웨어 | 칵테일 |
| 레시피 | 애프리코트 브랜디 $1\frac{1}{2}$oz |
| | 드라이 진 1tsp |
| | 레몬주스 $\frac{1}{2}$oz |
| | 오렌지주스 $\frac{1}{2}$oz |
| 장식 | — |

| 유래 | 오래된 칵테일로 알코올 성분이 낮고 달콤하며 향을 즐기기에 좋아 |
| | 스트레이트로 많이 마시는 칵테일이다. |

조주 순서
- 칵테일 글라스를 준비하면서 얼음으로 칠링한다.
- 셰이커 바디에 얼음을 넣고 준비한다.
- 바디에 애프리코트 브랜디 $1\frac{1}{2}$oz를 넣는다.
- 바디에 드라이 진 1tsp을 넣는다.
- 바디에 레몬주스 $\frac{1}{2}$oz를 넣는다.
- 바디에 오렌지주스 $\frac{1}{2}$oz를 넣는다.
- 셰이킹한 후 셰이커에서 조주된 칵테일을 글라스에 따른다.
- 해당되는 번호가 있는 잔 받침대(Coaster)에 작품을 7분 내에 둔다.

## 그래스 하퍼(Grasshopper)

| 조주방법 | 셰이킹 |
| 글라스웨어 | 샴페인(Saucer Type) |
| 레시피 | 민트 그린 1oz |
| | 카카오 화이트 1oz |
| | 우유 1oz |
| 장식 | – |
| 유래 | 박하와 카카오 맛으로 목을 많이 사용하는 직업을 가진 사람에게 좋은 |
| | 청메뚜기라는 이름을 가져 푸른 가을하늘을 연상시키는 칵테일이다. |

조주 순서
- 샴페인 글라스(Saucer Type)를 준비하여 얼음으로 칠링한다.
- 셰이커 바디에 얼음을 넣는다.
- 바디에 민트 그린 1oz를 넣는다.
- 바디에 카카오 화이트 1oz를 넣는다.
- 바디에 우유 1oz를 넣는다.
- 셰이킹한다.
- 셰이커에서 조주된 칵테일을 글라스에 따른다.
- 해당되는 번호가 있는 잔 받침대(Coaster)에 작품을 7분 내에 둔다.

## 비-52(B-52)

| | |
|---|---|
| 조주방법 | 플로팅 |
| 글라스웨어 | 셰리(2oz) |
| 레시피 | 깔루아 $\frac{1}{3}$ part |
| | 베일리스 아이리쉬 크림 $\frac{1}{3}$ part |
| | 그랑 마니에르 $\frac{1}{3}$ part |
| 장식 | – |
| 유래 | 폭격기의 이름에서 따왔으며 원샷으로 마시는 강한 칵테일이다. |
| 조주 순서 | • 셰리 글라스를 준비한다. |
| | • 지거를 이용하여 커피 리큐르(깔루아) $\frac{1}{3}$ 파트를 글라스에 붓는다. |
| | • 준비한 마른 행주로 지거를 깨끗하게 닦는다. |
| | • 베일리스 아이리쉬 크림 $\frac{1}{3}$ 파트를 지거에 붓는다. |
| | • 바 스푼으로 간접적인 충격을 이용하여 셰리 글라스에 조심스럽게 붓는다. |
| | • 준비한 마른행주로 지거를 깨끗하게 닦는다. |
| | • 그랑 마니에르 $\frac{1}{3}$ 파트를 지거에 붓는다. |
| | • 바 스푼으로 간접적인 충격을 이용하여 셰리 글라스에 조심스럽게 붓는다. |
| | • 해당되는 번호가 있는 잔 받침대(Coaster)에 작품을 7분 내에 둔다. |
| Tip 체크 | • $\frac{1}{3}$ 파트란 셰리 글라스가 총 60ml이므로 지거에 20ml를 붓는 것을 말한다. |
| | • 첫 번째는 지거를 이용하여 글라스에 직접 리큐르를 부어도 되지만 두 번째, 세 번째는 리큐르가 바 스푼에 1차로 충돌한 후 잔에 들어가게 한다. |

## 푸스 카페(Pousse Café)

| | |
|---|---|
| 조주방법 | 플로팅 |
| 글라스웨어 | 리큐르 |
| 레시피 | 그레나딘 시럽 $\frac{1}{3}$ part |
| | 민트 그린 $\frac{1}{3}$ part |
| | 브랜디 $\frac{1}{3}$ part |
| 장식 | – |
| 유래 | 플로팅 기법으로 만들어낸 칵테일은 섞이지 않게 만들어내는 만큼 마 |

실 때도 한 번에(원샷)으로 마시는 칵테일이다.

조주 순서
- 리큐르 글라스를 준비한다.
- 지거를 이용하여 그레나딘 시럽 $\frac{1}{3}$파트를 글라스에 붓는다.
- 마른 행주로 지거를 깨끗하게 닦는다.
- 민트 그린 $\frac{1}{3}$파트를 지거에 붓는다.
- 바 스푼으로 간접적인 충격을 이용하여 글라스에 조심스럽게 붓는다.
- 마른 행주로 지거를 깨끗하게 닦는다.
- 브랜디 $\frac{1}{3}$ 파트를 지거에 붓는다.
- 바 스푼으로 간접적인 충격을 이용하여 글라스에 조심스럽게 붓는다.
- 해당되는 번호가 있는 잔 받침대(Coaster)에 작품을 7분 내에 둔다.

Tip 체크     30ml와 45ml용량으로 2가지 종류의 리큐르 글라스를 적절하게 사용해야 한다.

## 3) 브랜디(BRANDY) 기본주 – 3가지

# 사이드 카(Side Car)

| | |
|---|---|
| 조주방법 | 셰이킹 |
| 글라스웨어 | 칵테일 |
| 레시피 | 브랜디 1oz |
| | 트리플 섹 1oz |
| | 레몬주스 $\frac{1}{4}$oz |
| 장식 | – |

유래     제1차 세계대전 중 독일군 정찰대 장교가 사이드 카 기사에게 승전의 기쁨을 즐기기 위해 민가에서 구해온 코냑, 코인트로, 레몬주스를 섞어서 마신 칵테일이다.

조주 순서
- 칵테일 글라스를 준비하면서 얼음으로 칠링한다.
- 셰이커 바디에 얼음을 넣고 준비한다.
- 바디에 브랜디 1oz를 넣는다.
- 바디에 트리플 섹 1oz를 넣는다.
- 바디에 레몬주스 $\frac{1}{4}$oz를 넣는다.
- 셰이킹한다.
- 셰이커에서 조주된 칵테일을 준비된 글라스에 따른다.
- 해당되는 번호가 있는 잔 받침대(Coaster)에 작품을 7분 내에 둔다.

## 브랜디 알렉산더(Brandy Alrexander)

| | |
|---|---|
| 조주방법 | 셰이킹 |
| 글라스웨어 | 칵테일 |
| 레시피 | 브랜디 $\frac{3}{4}$ oz |
| | 카카오 브라운 $\frac{3}{4}$ oz |
| | 우유 $\frac{3}{4}$ oz |
| 장식 | Nutmeg Powder |
| 유래 | 영국의 왕 에드워드 7세가 결혼기념으로 왕비 알렉산드라에게 바쳤다는 칵테일로, 코코아향이 부드럽고 맛이 좋아 여성들에게 인기가 높은 칵테일이다. 영화 '술과 장미의 나날들에서 주인공이 술을 마시지 못하는 아내에게 권해서 알코올 중독을 만든 칵테일이기도 하다. |
| 조주 순서 | • 칵테일 글라스를 준비한 후 칠링을 한다. |
| | • 셰이크 바디에 얼음을 넣는다. |
| | • 셰이크 바디에 브랜디 $\frac{3}{4}$ oz를 넣는다. |
| | • 셰이크 바디에 카카오 브라운 $\frac{3}{4}$ oz를 넣는다. |
| | • 셰이크 바디에 우유 $\frac{3}{4}$ oz를 넣는다. |
| | • 셰이크를 결합하여 흔든다. |
| | • 조주한 칵테일을 칵테일 글라스에 담는다. |
| | • 장식으로는 넛메그 가루를 뿌린다. |
| | • 해당되는 번호가 있는 잔 받침대(Coaster)에 작품을 7분 내에 둔다. |
| Tip 체크 | Nutmeg Powder는 우유의 비린내를 제거하기 위함이다. |

## 허니문(Honey moon)

| | |
|---|---|
| 조주방법 | 셰이킹 |
| 글라스웨어 | 칵테일 |
| 레시피 | 애플 브랜디 $\frac{3}{4}$ oz |
| | 베네딕틴 DOM $\frac{3}{4}$ oz |
| | 트리플 섹 $\frac{1}{4}$ oz |
| | 레몬주스 $\frac{1}{2}$ oz |
| 장식 | – |
| 유래 | 신혼여행 관광지호텔에서 만든 축하주로 프랑스 노르망디 지방의 사과 브랜드인 칼바도스를 이용한 독특한 맛의 칵테일이다. |
| 조주 순서 | • 칵테일 글라스를 준비하면서 얼음으로 칠링한다. |

- 셰이커 바디에 얼음을 넣고 준비한다.
- 바디에 애플 브랜디 $\frac{3}{4}$oz를 넣는다.
- 바디에 베네딕틴 DOM $\frac{3}{4}$oz를 넣는다.
- 바디에 트리플 섹 $\frac{1}{4}$oz를 넣는다.
- 바디에 레몬주스 $\frac{1}{2}$oz를 넣는다.
- 셰이킹한다.
- 셰이커에서 조주된 칵테일을 준비된 글라스에 따른다.
- 해당되는 번호가 있는 잔 받침대(Coaster)에 작품을 7분 내에 둔다.

## 5) 럼(RUM) 기본주 − 6가지

# 바카디(Bacardi)

| | |
|---|---|
| 조주방법 | 셰이킹 |
| 글라스웨어 | 칵테일 |
| 레시피 | 바카디 럼 화이트 1$\frac{3}{4}$oz |
| | 라임주스 $\frac{3}{4}$oz |
| | 그레나딘 시럽 1tsp |
| 장식 | − |
| 유래 | 1860년 초 바카디사의 Rum을 판촉하기 위한 칵테일로서 반드시 Bacadi를 사용해야 하는 칵테일이다. |
| 조주 순서 | • 칵테일 글라스를 준비하면서 얼음으로 칠링한다. |

- 셰이커 바디에 얼음을 넣고 준비한다.
- 바디에 바카디 럼 화이트 1$\frac{3}{4}$oz를 넣는다.
- 바디에 라임주스 $\frac{3}{4}$oz를 넣는다.
- 바디에 그레나딘 시럽 1tsp을 넣는다.
- 셰이킹한다.
- 셰이커에서 조주된 칵테일을 글라스에 따른다.
- 해당되는 번호가 있는 잔 받침대(Coaster)에 작품을 7분 내에 둔다.

## 다이키리(Daiquiri)

| | |
|---|---|
| 조주방법 | 셰이킹 |
| 글라스웨어 | 칵테일 |
| 레시피 | 라이트 럼 $1\frac{3}{4}$ oz |
| | 라임주스 $\frac{3}{4}$ oz |
| | 설탕가루 1tsp |
| 장식 | – |
| 유래 | 쿠바의 광산이름으로 날씨가 더운 쿠바에서는 피로를 치유하기 위한 식전주이며, 특히 소설가 헤밍웨이의 'Island in the Stream'에서는 프로즌 다이키리가, 'Across the River and into the Trees'에서는 드라이 마티니가 등장할 만큼 즐겨 마시던 칵테일이다. |
| 조주 순서 | • 칵테일 글라스를 준비하여 얼음으로 칠링한다. |
| | • 셰이커 바디에 얼음을 넣고 준비한다. |
| | • 셰이커에 라이트 럼 $1\frac{3}{4}$ oz를 넣는다. |
| | • 셰이커에 라임주스 $\frac{3}{4}$ oz를 넣는다. |
| | • 셰이커에 설탕 가루 1tsp를 넣는다. |
| | • 셰이킹한 후 준비된 칵테일 글라스에 따른다. |
| | • 해당되는 번호가 있는 잔 받침대(Coaster)에 작품을 7분 내에 둔다. |

## 쿠바 리브레(Cuba Libre)

| | |
|---|---|
| 조주방법 | 빌딩 |
| 글라스웨어 | 하이볼 |
| 레시피 | 라이트 럼 $1\frac{1}{2}$ oz |
| | 라임주스 $\frac{1}{2}$ oz |
| | 콜라 8부 |
| 장식 | A Wedge of Lemon |
| 유래 | 쿠바의 바에서 미군병사가 신제품인 코카콜라와 럼을 혼합해 마시다가 자유쿠바만세(Viva Cuba Libre)라고 외치면서 탄생한 칵테일이다. |
| 조주 순서 | • 하이볼 글라스에 얼음을 넣고 준비한다. |
| | • 글라스에 라이트 럼 $1\frac{1}{2}$ oz를 붓는다. |
| | • 글라스에 라임주스를 $\frac{1}{2}$ oz를 붓는다. |
| | • 글라스에 콜라를 8부 정도 가득 채운다. |
| | • 바 스푼으로 저어준다. |

- 도마와 칼을 사용하여 웨지 레몬을 만든다.
- 글라스에 아이스 텅을 이용해 넣거나 글라스 립에 꽂는다.
- 해당되는 번호가 있는 잔 받침대(Coaster)에 작품을 7분 내에 둔다.

## 마이 타이(Mai Tai)

| | |
|---|---|
| 조주방법 | 블렌딩 |
| 글라스웨어 | 필스너 |
| 레시피 | 라이트 럼 $1\frac{1}{4}$oz |
| | 트리플 섹 $\frac{3}{4}$oz |
| | 라임주스 1oz |
| | 파인애플주스 1oz |
| | 오렌지주스 1oz |
| | 그레나딘 시럽 $\frac{1}{4}$tsp |
| 장식 | A Wedge of Pine Apple & Red Cherry |
| 유래 | 타히티어로 '최고'라는 뜻이며 하와이 와이키키 해변 호텔에 있는 술집에서 바텐더가 특제 칵테일로 만든 칵테일이다. |
| 조주 순서 | • 필스너 글라스에 얼음을 넣고 글라스를 준비한다. |

- 블렌더에 분쇄된 얼음 또는 각얼음을 넣는다.
- 블렌더에 라이트 럼 $1\frac{1}{4}$oz를 넣는다.
- 블렌더에 트리플 섹 $\frac{3}{4}$oz를 넣는다.
- 블렌더에 라임주스 1oz를 넣는다.
- 블렌더에 파인애플주스 1oz를 넣는다.
- 블렌더에 오렌지주스 1oz를 넣는다.
- 블렌더에 그레나딘 시럽 $\frac{1}{4}$tsp를 넣는다.
- 블렌더를 작동시킨다.
- 준비된 글라스에 조주된 칵테일을 붓는다.
- 도마와 칼을 사용하여 파인애플과 레드체리를 만든다.
- 글라스 립에 아이스 텅을 이용하여 걸쳐준다.
- 해당되는 번호가 있는 잔 받침대(Coaster)에 작품을 7분 내에 둔다.

## 피나 콜라다(Pinã Colada)

| | |
|---|---|
| 조주방법 | 블렌딩 |
| 글라스웨어 | 필스너 |
| 레시피 | 라이트 럼 $1\frac{1}{4}$ oz |
| | 피나 콜라다 믹스 2oz |
| | 파인애플주스 2oz |
| 장식 | A Wedge of Pine Apple & Red Cherry |
| 유래 | 트로피컬 칵테일의 표준이며, 잘게 부순 얼음과 계절 꽃이나 과일장식으로 보기에도 좋고 시원한 알코올 도수 10도인 식후주로 사용되는 칵테일이다. |
| 조주 순서 | • 필스너 글라스에 얼음을 넣고 글라스를 준비한다. |
| | • 블렌더에 얼음을 넣는다. |
| | • 블렌더에 라이트 럼 $1\frac{1}{4}$ oz 넣는다. |
| | • 블렌더에 피나 콜라다 믹스 2oz 넣는다. |
| | • 블렌더에 파인애플주스 2oz 넣는다. |
| | • 블렌더를 작동시킨다. |
| | • 준비된 글라스에 조주된 칵테일을 붓는다. |
| | • 도마와 칼을 사용하여 파인애플과 레드체리 장식을 만든다. |
| | • 글라스 립에 아이스 텅을 이용하여 걸쳐준다. |
| | • 해당되는 번호가 있는 잔 받침대(Coaster)에 작품을 7분 내에 둔다. |

## 블루 하와이언(Blue Hawaiian)

| | |
|---|---|
| 조주방법 | 블렌딩 |
| 글라스웨어 | 필스너 |
| 레시피 | 라이트 럼 1 oz |
| | 블루 큐라소 1oz |
| | 코코넛 럼(말리부) 1oz |
| | 파인애플주스 $2\frac{1}{2}$ oz |
| 장식 | A Wedge of Pine Apple & Red Cherry |
| 유래 | 하와이언 칵테일과 유사하지만 블루 큐라소로 차별화되어 알려진 칵테일로 대중적인데 비해 만들기는 까다롭다. |
| 조주 순서 | • 필스너 글라스에 얼음을 넣고 글라스를 준비한다. |
| | • 블렌더에 얼음을 넣는다. |

- 블렌더에 라이트 럼 1oz를 넣는다.
- 블렌더에 블루 큐라소 1oz를 넣는다.
- 블렌더에 코코넛 럼 1oz를 넣는다.
- 블렌더에 파인애플주스 2$\frac{1}{2}$oz를 넣는다.
- 블렌더를 작동시킨다.
- 준비된 글라스에 조주된 칵테일을 붓는다.
- 도마와 칼을 사용하여 파인애플과 레드체리 장식을 만든다.
- 글라스립에 아이스 텅을 이용하여 걸쳐준다.
- 해당되는 번호가 있는 잔 받침대(Coaster)에 작품을 7분 내에 둔다.

## 6) 위스키(WHISKY) 기본주 - 5가지

# 뉴욕(New York)

| | |
|---|---|
| 조주방법 | 셰이킹 |
| 글라스웨어 | 칵테일 |
| 레시피 | 버번 위스키 1$\frac{1}{2}$oz |
| | 라임주스 $\frac{1}{2}$oz |
| | 설탕가루 1tsp |
| | 그레나딘 시럽 $\frac{1}{2}$tsp |
| 장식 | Twist of Lemon Peel |
| 유래 | 뉴욕의 바텐더가 뉴욕의 밤을 표현하기 위해 창작한 칵테일로, 신맛과 단맛이 잘 어우러진 식전주 칵테일이다. |

조주 순서
- 칵테일 글라스를 준비하여 얼음으로 칠링한다.
- 셰이커 바디에 얼음을 넣고 준비한다.
- 셰이커에 버번 위스키 1$\frac{1}{2}$oz를 넣는다.
- 셰이커에 라임주스 $\frac{1}{2}$oz를 넣는다.
- 셰이커에 설탕 가루 1tsp을 넣는다.
- 셰이커에 그레나딘 시럽 $\frac{1}{2}$tsp을 넣는다.
- 셰이킹한다.
- Chilling한 얼음은 버린 후 준비된 칵테일 글라스에 따른다.
- 도마 위에서 칼을 사용하여 레몬껍질을 분리한다.
- 레몬껍질을 손으로 비튼다.
- 비틀어진 레몬껍질을 글라스에 넣는다.
- 해당되는 번호가 있는 잔 받침대(Coaster)에 작품을 7분 내에 둔다.

## 맨해튼(Manhattan)

| | |
|---|---|
| 조주방법 | 스터링 |
| 글라스웨어 | 칵테일 |
| 레시피 | 버번 위스키 $1\frac{1}{2}$ oz |
| | 스위트 베르무트 $\frac{3}{4}$ oz |
| | 앙고스트라 비터 1~2dash |
| 장식 | Red Cherry |
| 유래 | 1876년 영국수상 처칠경의 어머니 젤롬 여사가 자신이 지지하는 대통령 후보를 위해 맨하탄 클럽에서 파티를 개최하면서 초대객에게 대접한 것으로 칵테일의 여왕이라 불린다. |
| 조주 순서 | • 칵테일 글라스를 준비하고 얼음으로 칠링한다. |
| | • 믹싱 글라스를 준비한 후 믹싱 글라스에 얼음을 넣는다. |
| | • 버번 위스키 $1\frac{1}{2}$ oz를 지거에 부은 후 믹싱 글라스에 붓는다. |
| | • 스위트 베르무트를 $\frac{3}{4}$ oz를 지거에 부은 후 믹싱 글라스에 붓는다. |
| | • 앙고스트라 비터 1~2방울을 믹싱 글라스에 직접 떨어뜨린다. |
| | • 바 스푼으로 믹싱 글라스를 잘 휘젓는다. |
| | • 스트레이너를 믹싱 글라스에 막고 준비된 칵테일 글라스에 붓는다.<br>※ 이때 칵테일 글라스에 칠링에 이용된 얼음은 버린다. |
| | • 레드체리를 아이스 텅과 칵테일 픽을 이용하여 잔에 장식한다. |
| | • 해당되는 번호가 있는 잔 받침대(Coaster)에 작품을 7분 내에 둔다. |

## 러스티 네일(Rusty Nail)

| | |
|---|---|
| 조주방법 | 빌딩 |
| 글라스웨어 | 올드 패션드 |
| 레시피 | 스카치 위스키 1oz |
| | 드람뷔이 $\frac{1}{2}$ oz |
| 장식 | – |
| 유래 | 영국황실의 기사들이 즐겨 마시던 칵테일로서 스카치 위스키와 꿀맛이 있는 드람뷔이 리큐르를 섞어 마시는 중년층을 위한 칵테일이다. |
| 조주 순서 | • 올드 패션드 글라스를 준비하고 글라스에 얼음을 넣는다. |
| | • 글라스에 스카치 위스키 1oz를 붓는다. |
| | • 글라스에 드람뷔이 $\frac{1}{2}$ oz를 붓는다. |
| | • 잔을 기울인 채 바 스푼으로 잘 저어준다. |

• 해당되는 번호가 있는 잔 받침대(Coaster)에 작품을 7분 내에 둔다.

# 올드 패션드(Old Fashioned)

| | |
|---|---|
| 조주방법 | 빌딩 |
| 글라스웨어 | 올드 패션드 |
| 레시피 | 각설탕 1개 |
| | 앙고스트라 비터 1~2dash |
| | 소다수 $\frac{1}{2}$oz |
| | 버번 위스키 1 $\frac{1}{2}$oz |
| 장식 | A Slice of orange & Red Cherry |
| 유래 | 1889년 미국 켄터키주에서 켄터키 경마 때 마시게 된 이후로 100년 이상의 역사를 가진 칵테일이다. |
| 조주 순서 | • 올드 패션드 글라스를 준비한다. |
| | • 글라스에 각설탕 1개를 넣는다. |
| | • 각설탕 위에 앙고스트라 비터 1~2방울을 떨어뜨린다. |
| | • 각설탕 위에 소다수 $\frac{1}{2}$oz를 넣는다. |
| | • 바 스푼으로 각설탕을 잘게 부순다. |
| | • 얼음을 넣는다. |
| | • 버번 위스키 1 $\frac{1}{2}$oz를 글라스에 붓는다. |
| | • 바 스푼으로 저어준다. |
| | • 도마와 칼을 사용하여 오렌지 슬라이스와 레드체리를 칵테일 픽으로 꽂는다. |
| | • 글라스 안에 넣거나 또는 글라스 립에 장식한다. |
| | • 해당되는 번호가 있는 잔 받침대(Coaster)에 작품을 7분 내에 둔다. |
| Tip 체크 | • 빌딩 기법의 다른 칵테일 조주 순서와 다르게 진행한다. |
| | • 실기시험에 많이 출제되는 과제이다. |
| | • 각설탕이 단단하기 때문에 시험장에서는 대충 부순다.(시간 절약) |

# 위스키 사워(Whiskey Sour)

| | |
|---|---|
| 조주방법 | 셰이킹 + 빌딩 |
| 글라스웨어 | 사워 |
| 레시피 | 버번 위스키 $1\frac{1}{2}$oz |
| | 레몬주스 $\frac{1}{2}$oz |
| | 설탕가루 1tsp |
| | 소다수 1oz |
| 장식 | A Slice of Lemon & Red Cherry |
| 유래 | 위스키에 신맛과 단맛을 첨가하여 셰이크한 대표적인 사워 칵테일이며, 단맛을 억제하고 비교적 쌉쌀한 맛을 내는 칵테일이다. |
| 조주 순서 | • Chilling한 사워(Sour)글라스를 준비한다. |
| | • 셰이커 바디에 얼음을 넣고 준비한다. |
| | • 셰이커에 버번 위스키 $1\frac{1}{2}$oz를 넣는다. |
| | • 셰이커에 레몬주스 $\frac{1}{2}$oz를 넣는다. |
| | • 셰이커에 설탕가루 1tsp을 넣는다. |
| | • 셰이킹 기법 |
| | • 칠링한 사워 글라스의 얼음을 버린 후 술을 잔에 붓는다. |
| | • 글라스에 지거를 이용하여 소다수 1oz를 넣는다. |
| | • 빌딩 기법 |
| | • 도마와 칼을 사용하여 레몬을 슬라이스로 쪼갠 후 레드체리와 함께 칵테일 픽으로 꽂는다. |
| | • 글라스에 장식한다. |
| | • 해당되는 번호가 있는 잔 받침대(Coaster)에 작품을 7분 내에 둔다. |

# 불바르디에(Boulevardier)

| | |
|---|---|
| 조주방법 | 스터링(휘젓기) |
| 글라스웨어 | 올드 패션드 글라스(Old-fashioned Glass) |
| 레시피 | 버번 위스키 1oz |
| | 스위트 베르무트 1oz |
| | 캄파리 1oz |
| 장식 | Twist of Orange peel |
| 유래 | 파리의 카페 거리에 진을 치고 있는 플레이 보이를 의미하며 1920~1930년대에 파리에서 해리스 뉴욕 바를 운영하던 미국인 해리 맥켈 |

혼이 파리의 월간지 불자르디에의 편집자 어스킨 그윈을 위해 개발한 칵테일로 네그로니 칵테일과 유사하다.

조주순서
- 올드패션글라스를 준비하고 얼음으로 칠링한다.
- 믹싱글라스를 준비한 후 믹싱글라스에 얼음을 넣는다.
- 버번위스키 1oz, 스위트베르무트 1oz, 캄파리 1oz를 믹싱글라스에 붓는다.
- 바 스푼으로 믹싱글라스 내용물을 휘젓는다.
- 스트레이너로 믹싱글라스를 막고 준비된 올드패션글라스에 붓는다.
- 오렌지껍질을 분리해서 twist 한 후에 잔에 넣는다.
- 해당되는 번호가 있는 잔받침대(Coaster)에 작품을 둔다.

유의사항
올드패션글라스에 칠링한 얼음은 버리지 않고 사용하기 때문에 칠링하는 순서는 칵테일을 만든 전 또는 후에 얼음을 넣어도 관계 없다.

## 7) 데킬라(TEQUILA) 기본주 − 2가지

# 데킬라 선라이즈(Tequila Sunrise)

조주방법    빌딩 + 플로팅

글라스웨어   필스너

레시피     데킬라 $1\frac{1}{2}$oz
         오렌지주스 8부
         그레나딘 시럽 $\frac{1}{2}$oz

장식      −

유래      태양의 나라 멕시코에서 탄생했으며, 그레나딘 시럽을 이용해서 일출의 전경을 표현한 아이디어가 좋은 매우 유명한 칵테일이다.

조주 순서
- 필스너 글라스를 준비한 후 얼음을 넣는다.
- 테킬라를 $1\frac{1}{2}$oz 붓는다.
- 오렌지주스를 글라스에 8부 정도 붓는다.
- 빌딩 기법
- 그레나딘 시럽 $\frac{1}{2}$oz를 따른 후 바 스푼을 이용하여 글라스에 따른다.(플로팅 기법)
- 해당되는 번호가 있는 잔 받침대(Coaster)에 작품을 7분 내에 둔다.

# 마가리타(Margarita)

| | |
|---|---|
| 조주방법 | 셰이킹 |
| 글라스웨어 | 칵테일 |
| 레시피 | 데킬라 $1\frac{1}{2}$oz |
| | 트리플 섹 $\frac{1}{2}$oz |
| | 라임주스 $\frac{1}{2}$oz |
| 장식 | Rimming with Salt |
| 유래 | 미국 버지니어의 바에서 근무하던 바텐더가 멕시코 출생의 애인 마가리타와 사냥하러 갔다가 총기 오발로 마가리타가 죽자 이를 애도하기 위하여 만든 칵테일이다. |
| 조주 순서 | • 글라스의 Lip을 레몬즙으로 리밍한 후 소금가루를 묻혀 후 준비한다. |
| | • 셰이커 바디에 얼음을 넣고 준비한다. |
| | • 바디에 데킬라 $1\frac{1}{2}$oz를 넣는다. |
| | • 바디에 트리플 섹 $\frac{1}{2}$oz를 넣는다. |
| | • 바디에 라임주스 $\frac{1}{2}$oz를 넣는다. |
| | • 셰이킹한다. |
| | • 셰이커에서 조주된 칵테일을 글라스에 조심스럽게 따른다. |
| | • 해당되는 번호가 있는 잔 받침대(Coaster)에 작품을 7분 내에 둔다. |

## 8) 와인(WINE) 기본주 - 1가지

# 키르(Kir)

| | |
|---|---|
| 조주방법 | 빌딩 |
| 글라스웨어 | 와인 |
| 레시피 | 화이트 와인 3oz |
| | 카시스 $\frac{1}{2}$oz |
| 장식 | Twist of Lemon Peel |
| 유래 | 와인을 이용한 칵테일 조주는 바람직하지 못하다고 하지만 화이트 와인과 카시스 리큐르를 혼합해서 만든 프랑스 칵테일이다. |
| 조주 순서 | • 와인 글라스를 준비한다. |
| | • 글라스에 화이트 와인 3oz를 붓는다. |
| | • 글라스에 크림 데 카시스를 $\frac{1}{2}$oz 붓는다. |
| | • 바 스푼을 저어준다. |

- 도마와 칼을 사용하여 레몬껍질을 만든 후 손으로 비틀어 준다.
- 글라스에 아이스 텅을 이용하여 레몬껍질을 넣어 준다.
- 해당되는 번호가 있는 잔 받침대(Coaster)에 작품을 7분 내에 둔다.

## 9) 우리 술 기본주 − 5가지

## 힐링(Healing)

| | |
|---|---|
| 조주방법 | 셰이킹 |
| 글라스웨어 | 칵테일 |
| 레시피 | 감홍로 $1\frac{1}{2}$oz |
| | 베네딕틴 $\frac{1}{3}$oz |
| | 카시스 $\frac{1}{3}$oz |
| | 스윗 & 사워 믹스 1oz |
| 장식 | Twist of Lemon Peel |
| 유래 | 진피 등 몸에 좋은 8가지 한약재를 침출·숙성시켜 만든 감홍로에 하루의 피로를 푸는 데 안성맞춤인 베네딕틴을 혼합하여 만든 우리 술 칵테일이다. |
| 조주 순서 | • 칵테일 글라스를 준비하면서 얼음으로 칠링한다. |

- 셰이커 바디에 얼음을 넣고 준비한다.
- 바디에 감홍로 40도 $1\frac{1}{2}$oz를 넣는다.
- 바디에 베네딕틴 $\frac{1}{3}$oz를 넣는다.
- 바디에 크림 데 카시스 $\frac{1}{3}$oz를 넣는다.
- 바디에 스윗 & 사워 믹스 1oz를 넣는다.
- 셰이킹한다.
- 셰이커에서 조주된 칵테일을 칠링된 글라스에 따른다.
- 도마와 칼을 사용하여 레몬껍질을 만든다.
- 손으로 레몬껍질을 비튼다.
- 글라스 안에 아이스 텅을 이용하여 넣어준다.
- 해당되는 번호가 있는 잔 받침대(Coaster)에 작품을 7분 내에 둔다.

## 진도(Jindo)

| | |
|---|---|
| 조주방법 | 셰이킹 |
| 글라스웨어 | 칵테일 |
| 레시피 | 진도 홍주 1oz |
| | 민트 화이트 $\frac{1}{2}$oz |
| | 청포도주스 $\frac{3}{4}$oz |
| | 라즈베리 시럽 $\frac{1}{2}$oz |
| 장식 | – |
| 유래 | 진도(Jindo) 칵테일은 소줏고리를 이용하여 소주를 내릴 때 술 단지에 받쳐둔 지초를 통과하는 과정에서 지초의 색소가 착색되어 빨간 홍옥색의 빛깔을 띠는 홍주에 상큼한 민트 화이트와 청포도주스, 라즈베리 시럽을 사용해서 만든 우리 술 칵테일이다. |
| 조주 순서 | • 칵테일 글라스를 준비하면서 얼음으로 칠링한다. |
| | • 셰이커 바디에 얼음을 넣고 준비한다. |
| | • 바디에 진도홍주 40도 1oz를 넣는다. |
| | • 바디에 민트 화이트 $\frac{1}{2}$oz를 넣는다. |
| | • 바디에 청포도주스 $\frac{3}{4}$oz를 넣는다. |
| | • 라즈베리 시럽 $\frac{1}{2}$oz를 넣는다. |
| | • 셰이킹한다. |
| | • 셰이커에서 조주된 칵테일을 칠링된 글라스에 따른다. |
| | • 해당되는 번호가 있는 잔 받침대(Coaster)에 작품을 7분 내에 둔다. |

## 풋사랑(Puppy Love)

| | |
|---|---|
| 조주방법 | 셰이킹 |
| 글라스웨어 | 칵테일 |
| 레시피 | 안동 소주 1oz |
| | 트리플 섹 $\frac{1}{3}$oz |
| | 애플 퍽 1oz |
| | 라임주스 $\frac{1}{3}$oz |
| 장식 | A Slice of Apple |
| 유래 | 대구 능금아가씨의 풋풋하고 아련한 첫사랑의 감정을 떠올리면서 안동 소주를 사용하여 만든 우리 술 칵테일이다. |

조주 순서 · 칵테일 글라스를 준비하면서 얼음으로 칠링한다.

· 셰이커 바디에 얼음을 넣고 준비한다.

· 바디에 안동 소주 35도 1oz를 넣는다.

· 바디에 트리플 섹 $\frac{1}{3}$oz를 넣는다.

· 바디에 애플 퍽 1oz를 넣는다.

· 바디에 라임주스 $\frac{1}{3}$oz를 넣는다.

· 셰이킹한다.

· 셰이커에서 조주된 칵테일을 칠링된 글라스에 따른다.

· 도마와 칼을 사용하여 슬라이스 사과 장식을 만든 후 칼집을 낸다.

· 글라스 립에 아이스 텅을 이용하여 꽂아준다.

· 해당되는 번호가 있는 잔 받침대(Coaster)에 작품을 7분 내에 둔다.

# 금산(Geumsan)

| | |
|---|---|
| 조주방법 | 셰이킹 |
| 글라스웨어 | 칵테일 |
| 레시피 | 인삼주 1 $\frac{1}{2}$oz |
| | 깔루아(커피 리큐르) $\frac{1}{2}$oz |
| | 애플 퍽 $\frac{1}{2}$oz |
| | 라임주스 1tsp |
| 장식 | – |
| 유래 | 한국의 고려 인삼을 대표하는 인삼 생산지에서 온 명칭으로, 다른 지역의 인삼보다 육질이 단단하고 사포닌(Saponin)의 함량과 성분이 우수한 금산 인삼을 이용한 우리 술 칵테일이다. |

조주 순서 · 칵테일 글라스를 준비하면서 얼음으로 칠링한다.

· 셰이커 바디에 얼음을 넣고 준비한다.

· 바디에 금산 인삼주 43도 1 $\frac{1}{2}$oz를 넣는다.

· 바디에 커피 리큐르(깔루아) $\frac{1}{2}$oz를 넣는다.

· 바디에 애플 퍽 $\frac{1}{2}$oz를 넣는다.

· 바디에 라임주스 1tsp을 넣는다.

· 셰이킹한다.

· 셰이커에서 조주된 칵테일을 칠링된 글라스에 따른다.

· 해당되는 번호가 있는 잔 받침대(Coaster)에 작품을 7분 내에 둔다.

## 고창(Gochang)

| | |
|---|---|
| 조주방법 | 스터링 + 빌딩 |
| 글라스웨어 | 샴페인(플루트형) |
| 레시피 | 복분자주 2oz |
| | 트리플섹 $\frac{1}{2}$oz |
| | 사이다(Sprite) 2oz |
| 장식 | – |
| 유래 | 선운산 복분자주는 1998년 현대그룹 정주영 회장이 소떼를 몰고 방북하여 김정일 국방위원장 등 북측 인사들에게 선물하면서 세상의 주목을 받기 시작했다. 이어. 농림부가 주최한 '우리 식품 세계화 특별 품평회'에서 선을 보인 우리 복분자주로 만든 칵테일이다. |
| 조주 순서 | • Flute형의 샴페인 글라스를 준비하면서 칠링한다. |
| | • 믹싱 글라스를 준비하고 얼음을 넣는다. |
| | • 믹싱 글라스에 선운산 복분자주 2oz를 넣는다. |
| | • 믹싱 글라스에 트리플 섹을 $\frac{1}{2}$oz 넣는다. |
| | • 스터링 기법 |
| | • 칠링한 얼음을 버리고 준비된 글라스에 조주한 칵테일을 붓는다. |
| | • 사이다 2oz를 지거에 부은 후 글라스에 넣고 바 스푼으로 젓는다.(빌딩 기법) |
| | • 해당되는 번호가 있는 잔 받침대(Coaster)에 작품을 7분 내에 둔다. |

## 10) 무알코올(Non-Alcohol) – 2가지

## 프레쉬 레몬 스쿼시 (Fresh Lemon Squash)

| | |
|---|---|
| 조주방법 | 빌딩 |
| 글라스웨어 | 하이볼 |
| 레시피 | 레몬 $\frac{1}{2}$ 개 |
| | 가루설탕 2tsp |
| | 소다수 8부 |
| 장식 | Slice of Lemon |
| 유래 | 과일을 장기간 보존한 농축 주스인 코디얼(Cordial)을 물에 희석한 음료를 스쿼시(Squash)라고 하며 신선한 과일 주스를 물에 희석한 음료는 에이드라고 한다. 희석하는 방법은 물과 탄산수를 사용하는데 |

스쿼시는 영국의 음료로 과일 주스, 물, 탄산수, 설탕가루, 시럽, 감미료를 사용하고 있다. 프레쉬 레몬 스쿼시는 무알코올 칵테일로 에이드 같은 느낌의 칵테일이다.

조주 순서
- 하이볼 글라스에 큐브드 아이스 80% 정도를 넣는다.
- 레몬 반개를 스퀴즈 도구를 이용하여 레몬즙을 짠 후에 글라스에 넣는다.
- 글라스에 가루 설탕 2 tsp 넣고 소다수로 글라스 8부 정도 채운 후 바스푼으로 저어준다.
- 마지막으로 레몬 슬라이스로 장식한 후 정해진 작품 번호 위치에 둔다.

## 버진 프룻 펀치 (Virgin Fruit Punch)

조주방법　블렌딩

글라스웨어　필스너

레시피　오렌지주스 1oz
파인애플주스 1oz
크렌베리주스 1oz
자몽주스 1oz
레몬주스 $\frac{1}{2}$ oz
그레나딘 시럽 $\frac{1}{2}$ oz

장식　A Wedge of Pineapple and Red Cherry

유래　펀치칵테일 스타일로 처음 인도에서 5가지 재료인 스피릿(브랜디, 럼, 아락), 주스(레몬, 라임), 설탕, 물, Nutmeg을 사용하였다. 지금은 음료 및 신선한 과일 종류가 다양해서 과일 주스와 설탕 및 시럽 등을 혼합한 음료들을 Fruit Punch로 조주 되고 있다. 버진 프룻 펀치 칵테일은 펀치라는 의미에서 탄생한 무알코올 칵테일 작품이다.

조주 순서
- 필스너 글라스에 큐브드 아이스를 80% 채운다. (글라스를 차갑게 하는 목적)
- 모든 재료와 가루얼음(크러시 아이스) 1스쿠퍼를 블렌드에 넣고 작동한다.
- 필스너 글라스에 있는 큐브드 아이스를 비우고 블렌드에 있는 내용물을 글라스에 따른다.
- 웻지한 파인애플과 체리를 칵테일 픽(Cocktail Pick)으로 필스너글라스에 장식한다.

# 조주기능사 실기시험 조주 방법

## 1 실기시험 진행 방법

가. 학습자가 칵테일을 연습한 환경 및 술의 종류 등 사용하는 도구가 다를 수 있기 때문에 일반
적으로 평가위원이 2분 정도 시간을 주어 수험자가 체크할 수 있도록 한다.(행주는 1장 준비
할 것) 이 시간을 잘 활용해야 하고, 술을 찾아내는 데 시간을 허비하면 안 된다.
① 술의 브랜드가 다를 수 있기 때문에 우선 칵테일 조주를 위한 기본주부터 확인한다.
② 전체적인 작업장 배치를 확인해서 술·부재료 등의 위치를 파악해둬야 한다.
③ 사용하던 글라스웨어와 다를 수 있기 때문에 글라스의 크기 등을 확인해야 한다.

나. 수험자가 술을 체크하는 동안 실기시험 평가자는 칠판에 작품 3가지를 출제한다. 칵테일 이
름은 영어로 출제된다. 출제 후 질문은 허락된 경우 가능하다.

다. 질문이 없을 시 평가자는 7분 동안 3가지 작품 조주를 시작하라고 말한 후 시간을 측정한다.
시험 도중에는 2분 또는 1분의 남은 시간을 안내해준다.

라. 손을 세척한 후 칠판에 있는 칵테일 작품을 살펴보고 수험자는 조주할 수 있는 작품부터 우
선 시작한다.

마. 사용하고자 하는 글라스웨어를 선택한 후 얼음을 채워서 칠링(Chilling)을 해둔다.

바. 사용하고자 하는 조주 기법에 필요한 조주 도구를 챙긴 후 레시피에 따라서 기본주에서 부재
료 등의 순서로 조주를 한다.

사. 조주한 칵테일은 준비된 글라스웨어에 차분하게 붓는다.

아. 마지막으로 해당되는 장식을 만들어서 작품번호가 적힌 코스터에 올려둔다.

대표적이고 독특한 조주방법 한 가지씩을 예를 들어서 수험생이 쉽게 학습할 수 있도록 하였다.

## (1) 2가지 조주 기법

칵테일 조주 기법 2가지를 혼합해서 만든다.

① 플로팅 기법 + 빌딩 기법 : Harvy Wallbanger, Tequila Sunrise

② 셰이킹 기법 + 빌딩 기법 : Singapore Sling, Sloe Gin Fizz, Whiskey Sour

③ 스터링 기법 + 빌딩 기법 : Gochang

## (2) Building(직접 넣기) 기법

40가지 작품 중 직접 넣기만 조주하는 칵테일은 Old Fashioned, Bloody Mary, Black Russian, Rusty Nail, Cuba Libre, Seabreeze, Negroni, Long Island Iced Tea, Moscow Mule, Kir 10가지 작품이다.

직접 넣기에 사용하는 글라스는 대부분 올드 패션드 글라스이지만 용량 때문에 Bloody Mary, Seabreeze는 하이볼 글라스, Long Island Iced Tea는 콜린스 글라스를 사용한다.

가. Black Russian

Old Fashioned 및 Bloody Mary 칵테일을 제외한 모든 작품 조주 방법은 Black Russian과 동일하다.

올드 패션드 글라스를 준비한다.

글라스에 얼음을 넣는다.

지거를 이용해 보드카를 넣는다.

지거를 이용해 깔루아를 넣는다.

45° 상태에서 바 스푼으로 저어 준다.

완성품

## 나. Old Fashioned

글라스에 각설탕을 넣는다.

각설탕 위에 앙고스트라 비터를 몇 방울 뿌린다.

지거를 사용하여 소다수를 각설탕 위에 뿌린다.

바 스푼으로 각설탕을 잘게 부순다.

아이스 텅을 이용해서 얼음을 글라스에 넣는다.

버번 위스키를 넣는다.

잔을 기울인 채 바 스푼으로 저어준다.

오렌지 슬라이스와 레드체리를 준비한다.

조주된 칵테일에 장식해 완성한다.

## 다. Bloody Mary

우스터 소스 1tsp을 넣는다.

타바스코를 넣는다.

후춧가루를 넣는다.

소금을 넣는다.

바 스푼으로 잘 저어준다.

얼음을 넣어준다.

보드카를 넣는다.

토마토주스를 넣는다.

바 스푼으로 저어준다.

레몬 슬라이스를 준비한다.

완성품

## (3) Shaking(흔들기) 기법

흔들기(Shaking) 기법에서 흔드는 방법은 특별한 기준 없이 다양하다. 40가지 작품 중 Shaking 기법이 쓰이는 칵테일은 Kiss of Fire, Cosmopolitan, Apple Martini, June Bug, Apricot, Grasshopper, Side Car, Brandy Alexander, Honeymoon, Bacardi, Daiquiri, New York, Margarita, Healing, Jindo, Puppy Love, Geumsan 17개 작품이 있다.

### 가. 브랜디 알렉산더

글라스에 얼음으로 칠링한다.

셰이커 바디에 얼음을 넣는다.

브랜디를 넣는다.

카카오 브라운을 넣는다.

우유를 넣는다.

흔들기(셰이킹)를 한다.

얼음을 버린 후 칵테일 글라스에 부어준다.

넛매그 가루로 장식한다.

완성품

## (4) Stirring(휘젓기) 기법

휘젓기 조주 방법에서는 믹싱 글라스 바디와 스트레이너 장착 방법을 익히고, 바 스푼으로 믹싱 글라스의 내용물을 휘저을 때는 잔을 45° 정도 기울여서 천천히 저어준다. 40가지 작품 중 Stirring 기법이 쓰이는 칵테일은 Dry Martini, Manhattan 2개 작품이 있다.


가. 맨해튼

칵테일 글라스에 칠링한 후 믹싱 글라스에 얼음을 넣는다.

버번 위스키를 넣는다.

스위트 베르무트를 넣는다.

앙고스트라 비터를 넣는다.

바 스푼으로 휘저어준다.

스트레이너를 이용해 술을 붓는다.

레드체리에 카테일 픽을 꽂아준다.

칵테일 픽이 꽂힌 레드체리로 술을 장식한다.

완성품

## (5) Floating(띄우기) 기법

술의 비중을 이용한 띄우기를 할 때는 천천히 호흡을 조절하면서 층(Layer)이 잘 형성되도록 한다. 40가지 작품 중 Floating 기법이 쓰이는 칵테일은 B-52, Pousse Café 2개 작품이 있다.

### 가. 푸스 카페

리큐르 글라스를 준비한다.

지거를 준비한다.

지거를 이용해 그레나딘 시럽을 넣는다.

행주로 지거를 닦아준다.

지거에 그린 민트를 옮겨 따른다.

바 스푼을 이용해 그린 민트를 글라스에 붓는다.

행주로 지거를 닦아준다.

바 스푼으로 브랜디 넣어준다.

완성품

※ 바 스푼이 지저분하면 지거와 마찬가지로 준비된 행주를 이용해 닦은 후 조주한다.

## (6) Blending(혼합) 기법

블렌딩 기법은 작업장마다 사용하는 도구가 다르고 준비되어 있는 얼음 종류가 다르기 때문에 질문 시간을 이용해 반드시 숙지하고 시험에 임해야 한다. 40가지 작품 중 Blending 기법은 Mai Tai, Piña Colada, Blue Hawaiian 등 3개 작품이 있다.

### 가. 블루 하와이언

블렌더에 각얼음 또는 분쇄얼음과 럼을 넣는다.

블루 큐라소를 넣는다.

말리부(코코넛 럼)를 넣는다.

파인애플주스를 넣는다.

블렌더 기계에 장착시킨다.

블렌더를 작동시킨다.

필스너 글라스에 붓는다.

가니쉬를 장식한다.

완성품

※ 시험장마다 블렌더 종류가 다르기 때문에 작동법에 대한 질문이 필요하다. 파인애플은 통조림 파인애플과 생과일 파인애플이 있을 수 있다.

# 조주기능사 실기시험 합격 방법

조주기능사 실기시험 합격은 주어진 7분 안에 3가지 작품을 완성해야 한다. 따라서 준비 시간 2분 활용과 시연시간 7분 활용을 적합하게 사용하는 것이 가장 중요하다.

## (1) 준비물 및 복장

준비물은 응시표와 신분증 이외에 마른 행주 1장을 준비하는 것이 좋다. 시험장에 준비되어 있겠지만 조주를 하다보면 여분이 필요할 수 있다.

## (2) 2분 정도 주어지는 준비 시간 활용

실기시험 평가위원이 문제를 칠판에 판서할 동안 생기는 1~2분 정도의 여유를 이용해 술, 글라스웨어 등 조주에 필요한 기물을 체크해야 한다. 이 시간에 수험생은 기본주와 리큐어, 주스 종류 및 부재료, 글라스웨어를 체크하는데, 기본주와 리큐르가 사용하던 술과 다를 수 있기 때문에 상표를 잘 확인하는 것이 중요하다. 일반적으로 술을 찾다가 시간을 초과하여 불합격하는 경우가 많기 때문이다.

## (3) 7분 동안 3작품 완성

- 간단한 작품부터 만든다.
- Floating 기법이 필요할 경우 마지막에 만든다.
- 장식은 3가지 작품을 모두 만든 후 마지막에 한다.
- 용량에 너무 집착하여 시간을 허비하지 않는다.

MEMO

## 참고문헌

Hamlyn, "Cocktails" (Octopus Publishing, 2007)
Foodies TV, 김준수 "세계 명주 기행" (역사넷, 2006)
서진우, 유경희 "칵테일 실무 테크닉" (대왕사, 2006)
원용희, "세계의 술 이야기" (광림 북하우스, 2007)
장상태 "조주기능사 핵심이론 & 문제풀이" (BM성안당, 2009)
김한식, 현대인과 와인 2002년 9월 10일 4차 개정판, 도서출판 나래
WSET Korea, Wine & Spirit Education Trust 2005
주장관리론 – 하동현, 조원섭 저 / 한올출판사
주장관리론 – 최인섭, 강영구 지음 / 대왕사
칵테일이야기 이론 및 실습 / 광문각
올댓와인 – 조정용 지음 / 해냄출판사
㈜한국전통주  http://www.koreansool.co.kr/
박녹담 (2004). 전통주: 빛깔있는 책들, 서울, 대원사
농림부 (1996). 전통주의 품질개선 연구개발, 서울, 농림부
조정옥 (2001). 민속학술총서. 66–67. 먹거리. 민속주1–2, 서울, 놀이마당 터
조정형 (2003). 우리 땅에서 익은 우리 술. 서울, 서해문집
박록담 (1995). 한국의 전통 민속주. 서울 , 효일문화사
김준철 (2004). 양주 이야기. 서울. 살림출판사
조정형 (1991). 다시 찾아야 할 우리의 술. 서울. 서해문집
박록담 (1995). 한국의 전통 민속주. 서울. 효일문화사
배상면주가 홈페이지 www.soolsool.kr
한국전통주 홈페이지 www.koreansool.com
장동은 (2008), Stylish 칵테일
매일경제 2001년 5월 24일자
드링스코리아 02년 10월호
Xpert 도윤섭의 양주이야기
드링스코리아 02년 10월호
몰트 02년 3월호
칵테일나라 Q&A
드링스코리아 02년 10월호
GQ 02년11월호
Jose Cuervo 공식 홈페이지 http://www.cuervo.com
Sauza 공식 홈페이지 http://www.Sauzatequila.com
맥주 이야기, 원용희 지음, 학문사
하이네켄사이트 http://www.heineken.co.kr
국가직무능력표존 http://www.ncs.go.kr
한국산업인력공단 http://www.q-net.go.kr

⊙ **학력 및 경력사항**

관광학 박사

(현) 동서울대학교 호텔외식학부 호텔관광경영학과 교수

(현) 바리스타.소믈리에.바텐더.차문화예절지도사 양성교수

학위논문 박사학위 : 호텔정보시스템 서비스 품질 측정에 관한 연구
　　　　　　　　　　　　　(경기대학교 관광개발학과)

석사학위 : 호텔 경영자동화 시스템에 관한 연구
　　　　　　　　　　(성균관대학교 정보처리학과)

석사학위 : 실버층의 관광지 선호요인에 관한 연구
　　　　　　　　　　(숙명여자대학교 실버산업학과)

한국차문화대학원 차문화예절지도사 전문사범, 규방다례

2013년 ~ 2013년 동서울대학교 종합인력개발센터 센터장

1998년 ~ 2012년 동서울대학교 관광학부 학부장

1990년 ~ 1998년 신세계그룹—웨스틴조선호텔(서울, 부산) 기획실 부장

1988년 ~ 1990년 대우그룹—서울힐튼호텔 재정부 실장

1986년 ~ 1988년 한국화이자제약(주) 재정부 주임

1985년 ~ 1986년 (주)태창 기획조정실 코디네이터

조주기능사필기.실기 시험문제 허정봉 (크라운출판사, 2022)

커피전문가필기 실기 자격시험합격문제 허정봉 (크라운출판사, 2022)

Self 역량기반 와인 소믈리에 자격증 대비서　허정봉 (기문사, 2022)

티소믈리에입문개론 (한국티소믈리에연구원, 2022)

⊙ **자격사항**

국제공인호텔모텔총지배인 자격증, 국제공인정보시스템감사자 자격증, 정보처리기사 자격증, 조주기능사 자격증, 차문화예절지도 전문사범 자격증, 전통주, 와인 소믈리에, 커피 바리스타, 우리 물 · 우리 차 자격증, SCAE BARISTA LEVEL 1, 2, Roasting, 평생교육사 등

⊙ **논문 및 저서**

음료 직무분야의 국가기술자격제도 개선방안 연구(한국호텔외식경영학회), 호텔경영정보시스템(백산출판사), 호텔경영학개론, 호텔정보시스템, 관광정보론(현학사) 조주기능사문제집(대왕사) 호텔경영학의 만남, 칵테일의 이해, 관광정보의 이해, 실버산업의 이해(기문사), 관광서비스 마케팅(새로미), 세계의 와인(기문사), 커피전문가 필기+실기 자격시험 합격문제(크라운 출판사), 와인소믈리에 자격검정문제집(시대고시기획)

⊙ **연구 및 대외 활동**

한국관광학회이사, 한국호텔외식학회이사, 한국공원휴양학회이사, 한국관호텔학회편집위원 한국정보시스템감사협회이사, 한국호텔리조트학회이사, 국민연금관리공단청풍리조트추진위원, 한국학술진흥재단심사위원, 충북단양군관광자문위원, 한국관공공사 정보추진위원, 한국산업인력공단 출제 및 평가위원(조주기능사 및 관광종사원), 한국직업능력개발원평가위원 인천관광공사설계자문위원, 한국호텔리조트경영인협회부회장, 성남시문화예술분과위원, 성남시민간감사관, 법무부범죄예방및형사조정위원, 2011년관광의날문화관광체육부장관표창 등

# 조주기능사 필기·실기문제
# 한권으로 합격하기

| 발 행 일 | 2024년 1월 10일 개정5판 1쇄 발행 |
| --- | --- |
| | 2024년 5월 10일 개정5판 2쇄 발행 |
| 저 자 | 허정봉 |
| 발 행 처 |  크라운출판사 http://www.crownbook.com |
| 발 행 인 | 李尙原 |
| 신고번호 | 제 300-2007-143호 |
| 주 소 | 서울시 종로구 율곡로13길 21 |
| 공 급 처 | (02) 765-4787, 1566-5937 |
| 전 화 | (02) 745-0311~3 |
| 팩 스 | (02) 743-2688 |
| 홈페이지 | www.crownbook.co.kr |
| I S B N | 978-89-406-4758-5 / 13590 |

## 특별판매정가   23,000원